Jürgen W. Goebel · Jürgen Scheller

Elektronische Unterschriftsverfahren in der Telekommunikation

DuD-Fachbeiträge

herausgegeben von Karl Rihaczek, Paul Schmitz, Herbert Meister

1 *Karl Rihaczek*
Datenschutz und Kommunikationssysteme

2 Einheitliche Höhere Kommunikationsprotokolle – Schicht 4
Hrsg.: Bundesministerium des Innern

3 Einheitliche Höhere Kommunikationsprotokolle – Schichten 5 und 6
Hrsg.: Bundesministerium des Innern

4 *Helmut Höfer*
Erfordernisse der Personaldatenverarbeitung im Unternehmen

5 *Ulrich von Petersdorff*
Medienfunktionen und Fernmeldewesen

6 *Karl Rihaczek*
Datenverschlüsselung in Kommunikationssystemen

7 *Erwin Grochla, Helmut Weber, Thomas Werhahn*
Kosten des Datenschutzes in der Unternehmung

8 *Franz-Peter Heider, Detlef Kraus, Michael Welschenbach*
Mathematische Methoden der Kryptoanalyse

9 *Armin Herb*
Verweisungsfehler im Datenschutz-Strafrecht

10 *Hans-Albert Lennartz*
Datenschutz und Wissenschaftsfreiheit

11 *Martin Schrempf*
Datenschutz bei TEMEX

12 *Jürgen W. Goebel, Jürgen Scheller*
Elektronische Unterschriftsverfahren in der Telekommunikation

Jürgen W. Goebel
Jürgen Scheller

Elektronische Unterschriftsverfahren in der Telekommunikation

Rechtliche Rahmenbedingungen und Einzelfragen

TELETRUST
vieweg

Ursprünglich erschienen bei Friedr. Vieweg & Sohn Verlagsgesellschaft mbH, Braunschweig 1991

ISBN 978-3-528-05146-4 ISBN 978-3-322-85553-4 (eBook)
DOI 10.1007/978-3-322-85553-4

Herausgebervorwort

Die hier vorgelegte Arbeit wurde von TeleTrusT Deutschland in Auftrag gegeben und von dessen Arbeitsgruppe "Juristische Aspekte" wissenschaftlich begleitet.

TeleTrusT Deutschland ist ein eingetragener Verein, der das Ziel verfolgt, die "Verläßlichkeit" von Informations- und Kommunikationstechnik zu verbessern. Mit Verläßlichkeit ist nicht allein die technische Sicherheit gemeint; diese reicht in ihrer bisherigen Konzeption nicht aus, um IT-Systeme auch betrugssicher zu machen. Die Teilnehmer müssen aber auf Betrugssicherheit Wert legen; sie wollen in elektronischen Systemen miteinander mindestens genauso verbindlich kommunizieren können, wie mittels der Briefpost. Partner, die einander bis dahin unbekannt sind, müssen z. B. einklagbare elektronische Verträge schließen können. Das ist derzeit noch nicht möglich und hemmt daher die Akzeptanz der neuen Kommunikationssysteme. Obwohl es seit Jahrzehnten als besonderer Vorteil der modernen Kommunikations- und Datenverarbeitungstechnik angesehen wird, daß sie geeignet ist, dem Papierverbrauch entgegenzuwirken, nimmt dieser dennoch ständig zu. Ohne Zweifel liegt dies auch daran, daß für den Rechtsgebrauch immer noch vieles auf dem Papier stehen muß. Tatsächlich haben Mathematiker Algorithmen entwickelt, die gesteuert durch Zahlenpaare aus je einer geheimen persönlichen und einer öffentlich bekannten Zahl eine an Autor und Dokumenten-Inhalt unauflösbar und nachprüfbar gekoppelte "elektronische Unterschrift" berechnen können.

Auch gibt es bereits verschiedene technische Realisierungen dieser Verfahren. Es fehlt aber noch an den nötigen Standards für die allgemeine Einführung solcher Techniken und an der juristischen und gesellschaftlichen Akzeptanz derselben.

Die Aufgabe, die sich TeleTrusT gestellt hat, ist also zum Teil technischer Art; zum anderen - nicht weniger wesentlichen Teil - bietet sie eine juristische bzw. gesellschaftliche Problematik. Die technische Entwicklung soll nicht an der Welt des Rechts vorbeilaufen und dann, wenn sie in Gebrauch genommen wird, Probleme aufwerfen, die die Rechtsausübung erschweren. Vielmehr soll die Technik den rechtlichen Erfordernissen möglichst angepaßt werden. Aus diesem Grunde muß insbesondere die persönliche eigenhändige Unterschrift zum Vorbild für eine nicht weniger persönliche aber dem elektronischen Medium gemäße Unterschrift dienen. Die bekannten technischen Mechanismen sowie die systemarchitektonischen Vorkehrungen müssen deshalb auch in die Welt des Rechts hineingetragen und unter Juristen diskutiert werden; es müssen Wege gefunden werden, wie ihr Gebrauch in die unterschiedlichen nationalen Rechtssysteme eingebettet werden kann; an dieser Notwendigkeit führt kein Weg vorbei.

Solche gesellschaftlichen und rechtlichen Forderungen an technische Systeme werden häufig zu spät gestellt. Das Recht muß dann in das Prokrustesbett einer an ihm vorbeientwickelten Technik gelegt werden. Das soll durch die von TeleTrusT angestrebte Zusammenarbeit von Technikern und Juristen vermieden werden. Es fehlt aber noch eine tragfähige Verständigungsbasis. Die von den beiden Autoren - beides Juristen - geleistete Arbeit soll dafür Grund legen. Insbesondere soll sie Interesse anregen und zu einer fruchtbaren Diskussion führen. Das ist der Zweck, den TeleTrusT mit dieser Veröffentlichung verfolgt.

Darmstadt, 09.10.1990

Prof. Dr. Eckart Raubold
TeleTrusT-Vorstandsvorsitzender

Dr. Karl Rihaczek
TeleTrusT-Geschäftsführer

Vorwort

Die rechtliche Evaluierung moderner Informationstechniken ist nicht ohne Probleme. Sei es, daß der Jurist für neue technische Entwicklungen durch das ihm zur Verfügung stehende rechtliche Instrumentarium nicht hinreichend gewappnet ist. Sei es, daß das zu bewertende Verfahren oder System noch nicht so weit entwickelt ist, daß es schon konkrete und bewertbare Konturen zeigt. Sei es schließlich, daß das Projekt ohne Rücksicht auf seine rechtlichen Implikationen schon so weit vorangetrieben wurde, daß der Jurist eher wie ein hemmender "Störenfried" und nicht als willkommener Helfer erscheinen muß.

Diese Gefahren wurden bei TeleTrusT durch die frühzeitige Einschaltung juristischen Sachverstands weitgehend ausgeschaltet. Die dabei gewonnenen Erfahrungen und Erkenntnisse sind in der hier vorgelegten und im Auftrag von TeleTrusT Deutschland e.V. erstellten Broschüre zusammengefaßt. Die beiden Autoren, freie Rechtsanwälte in Frankfurt am Main, die sich seit Jahren aus wissenschaftlicher und praktischer Sicht mit den rechtlichen Aspekten moderner IuK-Technik befassen, haben sich bemüht, ihre Ausführungen auch für den Nicht-Juristen verständlich zu formulieren. Für konstruktive Kritik und weitere Anregungen aus dem Leserkreis sind sie dankbar. Ihr Dank gilt auch Herrn Dr. Karl Rihaczek, der die Entstehung dieses Bandes durch Rat und Tat gefördert hat.

Frankfurt am Main im August 1990

Jürgen W. Goebel — Jürgen Scheller

Inhaltsverzeichnis

1 Einführung

1.1 Elektronische Unterschriften als Gegenstand rechtlicher Betrachtung

Die zunehmende Durchdringung des "täglichen Lebens" mit Telekommunikationsmechanismen läßt einen Bedarf für Sicherrungsverfahren entstehen, die dem Zuverlässigkeitsstandard althergebrachter (direkter oder brieflicher) Kommunikationsvorgänge entsprechen, wenn nicht gar diesen übertreffen.

Die Entwicklung von Verschlüsselungsverfahren, die nicht nur eine zuverlässige Identifikation des Kommunikationspartners, sondern auch die Authentikation übermittelter Inhalte leisten, hat es ermöglicht, in der Telekommunikation "elektronische Unterschriften" als Sicherungsinstrument einzuführen. So verlockend die schnelle allgemeine Abdeckung der gesamten Telekommunikation mit diesem Instrument auch sein mag, so ist es doch notwendig, der technischen Realisierung eine juristische Einordnung vorzuschalten. Andernfalls dürfte das Risiko von Fehlinvestitionen in Strukturen, die sich zwar als technisch machbar, jedoch juristisch unzureichend oder gar unzulässig erweisen, schlicht zu groß sein. Ohne Identifizierung und Schaffung der erforderlichen rechtlichen Rahmenbedingungen und Lösung bedeutender juristischer Einzelfragen der Implementation elektronischer Unterschriftsverfahren würde schließlich auch wohl kaum von einer allgemeinen gesellschaftlichen Akzeptanz ausgegangen werden können.

1.2 Gang der Darstellung

Im folgenden wird daher zunächst die für die grundsätzliche rechtliche Einordnung besonders wichtige Frage der Zulässigkeit von Authentikations- und Verschlüsselungsverfahren diskutiert (Abschnitt 2.1).

Dem schließt sich die Erörterung der Problematik an, daß umfassende Zugangsregelungen, die für die Benutzung solcher Verfahren getroffen werden, unter Umständen Auswirkungen auf die "elektronische Geschäftsfähigkeit" haben können (Abschnitt 2.2); deshalb sollte der Zugang zu solchen Verfahren sicher nicht restriktiv gehandhabt werden.

Die rechtliche Bewertung der Funktion derjenigen Stelle, die als Zertifizierungsinstitution eine zentrale Rolle in einem Kommunikationssystem einnimmt, das durch elektronische Unterschriften gesichert werden soll, vervollkommnet den Komplex der Zugangsorganisation (Abschnitt 2.3).

Hinweise auf weitere Fragestellungen grundsätzlicher Art runden die Ausführungen zu den rechtlichen Rahmenbedingungen ab (Abschnitt 2.4).

Die im Anschluß hieran erörterten rechtlichen Einzelaspekte setzen sich zunächst damit auseinander, was unter dem Begriff "Unterschrift" rechtlich überhaupt verstanden wird (Abschnitt 3.1). Ferner werden Beispiele für die Ergänzung der Unterschriftsfunktion durch andere Formvorschriften und Beweiserfordernisse gegeben und auf ihre Umsetzbarkeit in elektronische Formen überprüft (Abschnitt 3.2).

Welche Haftungstatbestände sich ergeben können, wenn man alle an dem Sicherungssystem beteiligten Stellen ins Kalkül zieht, behandelt Abschnitt 3.3. Die datenschutzrechtliche Relevanz des Gebrauchs von Sicherungsverfahren zeigt Abschnitt 3.4 auf.

Während alle diese bisher genannten Fragestellungen unter dem Blickwinkel betrachtet werden, inwieweit elektronische Unterschriften als Sicherungsmittel eingesetzt werden dürfen, befaßt sich Abschnitt 3.5 mit der Frage, ob nicht eventuell sogar eine regelrechte Pflicht bestehen könnte, von diesen technischen Möglichkeiten Gebrauch zu machen.

Ein Exkurs zu Möglichkeiten, Software durch elektronische Unterschriften zu schützen (Abschnitt 3.6) sowie Hinweise auf weitere klärungsbedürftige Einzelaspekte (Abschnitt 3.7) beschließen den juristisch orientierten Teil der Arbeit.

Die in den Abschnitten 2. und 3. gefundenen Ergebnisse werden alsdann in praktische Hinweise umgesetzt, die sich zum einen auf das System selbst (Abschnitt 4.1), zum anderen aber auch auf dessen Vermarktung (Abschnitt 4.2) und Anwendung (Abschnitt 4.3) beziehen.

2 Rechtliche Rahmenbedingungen

Ehe man sich aus rechtlicher Sicht mit den bei der Entwicklung und dem Betrieb elektronischer Unterschriftsverfahren entstehenden Einzelfragen sinnvoll beschäftigen kann (siehe dazu unten Abschnitt 3.), ist zunächst einmal abzuklären, in welches rechtliche Umfeld ein derartiges System eingepaßt werden muß. Denn nur wenn es bestimmte Rahmenbedingungen beachtet und Grundvoraussetzungen erfüllt, wird ihm die Akzeptanz zukommen können, die für einen operationellen und kommerziellen Einsatz erforderlich ist. Im Interesse einer Konzentration auf das Wesentliche sollen dazu hier folgende Rahmenbedingungen behandelt werden: die Frage nach der prinzipiellen rechtlichen Zulässigkeit von Authentikations und Verschlüsselungsverfahren, die zur Realisierung der elektronischen Unterschrift erforderlich sind; das Problem des freien Zugangs von potentiellen Teilnehmern zum System, das letztlich eine "elektronische Geschäftsfähigkeit" und damit eine Ausgestaltung der verfassungsrechtlich gewährleisteten Handlungs- und Informationsfreiheit konstituiert; von besonderer Bedeutung ist schließlich auch die Einrichtung und Organisation der Stelle, die für die Beglaubigung der im Rahmen des elektronischen Unterschriftsverfahrens zu vergebenden Schlüssel zuständig ist (Certification Authority = CA).

2.1 Zulässigkeit von Authentikations- und Verschlüsselungsverfahren

Da elektronische Unterschriftsverfahren, wie immer sie im Einzelfall ausgestaltet sein mögen, mit Verschlüsselungsalgorithmen (etwa DES oder RSA) arbeiten, die die elektronische Botschaft für Dritte prinzipiell "unleserlich" machen, stellt sich zunächst die Frage, ob schon dagegen rechtliche Bedenken eingewendet werden können.

Grundsätzlich sind keine rechtlichen Gesichtspunkte erkennbar, die gegen die dadurch bewirkte Erhöhung der Sicherheit in offenen Kommunikationssystemen sprechen würden. Etwas anderes könnte sich allenfalls daraus ergeben, daß durch die dafür vorgesehenen Sicherungsverfahren auch Verschlüsselungen vorgenommen werden, die ohne den Besitz des entsprechenden Schlüssels praktisch nicht durch Dritte "geknackt" werden können. Dies kann beispielsweise dazu führen, daß ein Mithören bzw. Mitschneiden von Informationsübermittlungen durch Strafverfolgungsorgane nach den Vorschriften des Gesetzes zu Art. 10 GG (das sogenannte G 10-Gesetz) oder nach § 100a der Strafprozeßordnung (StPO) praktisch vereitelt wird. Jedoch sind auch in diesem Zusammenhang keine Vorschriften ersichtlich, die derartige Verschlüsselungen ausdrücklich verbieten. Insbesondere ist es auch nach den für die Strafverfolgung einschlägigen Vorschriften keinem Straftäter untersagt, seine Tat so weit wie möglich und mit modernsten Mitteln und Methoden zu vertuschen. Auch das Fernmelderecht enthält keine Vorschriften, die solche Verschlüsselungen verbieten. Das gilt auch für die am 1.1.1989 in Kraft getretene und schon mehrfach geänderte Telekommunikationsordnung (TKO), die den gesamten Fernmeldebereich regelt.

Wenngleich im Einzelfall damit die Verschlüsselung von elektronischen Botschaften zu einer Erschwerung der Strafverfolgung sowie der Tätigkeit der Geheimdienste führen mag, hieße es doch den Rahmen einer gerade noch zulässigen extensiven Auslegung von Einzelvorschriften und Gesetzen weit zu überdehnen, wenn daraus auf ein mittelbares Verbot von Verschlüsselungen geschlossen werden sollte. Gleiches gilt, wenn nur ganz allgemein auf das im Grundgesetz verankerte Rechtsstaatsprinzip oder den Grundsatz der Gewährleistung der inneren Sicherheit abgestellt würde. Die dadurch markierten verfassungsrechtlichen Grundpositionen sind ein zu allgemeiner Maßstab, um aus ihnen ein ausdrückliches Verbot der Verschlüsselung herleiten zu wollen.

Dazu bedürfte es eines speziellen Gesetzes, wobei keineswegs sicher ist, ob ein solches Verschlüsselungen verbietendes Gesetz überhaupt verfassungsmäßig sein könnte. Dies kann hier jedoch nicht näher dargelegt werden.

Eine ganz andere ist jedoch die damit zusammenhängende Frage, ob auf der administrativen Ebene eine (staatliche) Stelle eingerichtet werden kann, zu deren Aufgabe die Evaluierung von Verschlüsselungsverfahren gehört und die für derartige Verfahren und Techniken gewissermaßen die Funktion eines "Sicherheits-TÜV" mit der Vergabe von Güte-Siegeln für die Zuverlässigkeit wahrnimmt. Je nach konkreter Ausgestaltung einer solchen Institution wäre zu prüfen, welche rechtlichen Anforderungen an diese zu stellen sind und welche sicherheits- und wirtschaftspolitischen Argumente für oder gegen eine solche Stelle streiten.

Im übrigen ist in diesem Zusammenhang noch zu bemerken, daß dem geschriebenen Recht das Verschlüsseln von Texten durchaus nicht unbekannt ist, wenngleich dies in eher abseitigen Bestimmungen geregelt ist. So spricht etwa § 6 Abs. 1 der

Verordnung über die Gewährleistung von Erleichterungen, Vorrechten und Befreiungen an die Ständige Vertretung der Deutschen Demokratischen Republik vom 24.4.1974 (StäVDDRVorRV) davon, daß es der ständigen Vertretung der DDR im Verkehr mit ihrer Regierung erlaubt ist, sich aller geeigneten Mittel "einschließlich amtlicher Kuriere und verschlüsselter Nachrichten" zu bedienen. Und auch § 9 Abs.7 der Zweiten Verordnung zur Durchführung des Gesetzes über die Kontrolle von Kriegswaffen vom 1.6.1961 (2.KrWaffKontrGDV) erlaubt für die Eintragungen in das sogenannte Kriegswaffenbuch Verschlüsselungen, wenn dem Ausdruck der entsprechenden Angaben "ein Verzeichnis zur Entschlüsselung" beigegeben wird. Schließlich kann in der Verschlüsselung von Daten aber durchaus auch eine Sicherungsmaßnahme gesehen werden, die - wenn sie sich auf personenbezogene Daten bezieht - gesetzlich sogar durch § 6 des Bundesdatenschutzgesetzes vom 27.1.1977 (BDSG) vorgesehen ist (siehe dazu auch unten Abschnitt 3.5).

Insgesamt kann daher festgehalten werden, daß die Rechtsordnung vom Vorhandensein von Verschlüsselungsmethoden und -verfahren Kenntnis genommen hat, diese ausdrücklich oder auch mittelbar nicht verbietet, sondern im Einzelfall zur Sicherung besonders sensitiver Daten sogar verlangt. Wenn gewährleistet ist, daß verschlüsselte Erklärungen im Streitfall in geeigneter Weise entschlüsselt und auch als Beweismittel verwendet werden können, steht dem Einsatz entsprechender Sicherungsverfahren für die Telekommunikation grundsätzlich nichts im Wege. Dies gilt erst recht, wenn wie im Falle des TeleTrusT-Verfahrens primär gar keine Kryptierung der elektronischen Botschaften angestrebt wird, sondern die Verschlüsselung allein der Steigerung und Gewährleistung der Kommunikationssicherheit in offenen Netzen dient.

Nur hingewiesen sei an dieser Stelle auf die Frage, ob die

Weitergabe entsprechender Verfahren und Techniken für elektronische Unterschriften an Interessenten in Ländern, die Exportbeschränkungen (etwa nach dem Außenwirtschaftsgesetz = AWG in Verbindung mit der inzwischen "abgemagerten" COCOM-Liste) unterliegen, aus wirtschaftlichen oder sicherheitsrelevanten Gründen gesetzlich untersagt werden kann. Diesem Problem kann hier aber nicht weiter nachgegangen werden.

2.2 Systemzugang und "elektronische Geschäftsfähigkeit"

Einer differenzierten rechtlichen Betrachtung bedarf der Aspekt des Zugangs zum Telekommunikationsnetz, um darüber elektronische Botschaften abzuwickeln. Dabei kann sich die Betrachtung einmal darauf beschränken, die Zugangsfrage allein unter dem Blickwinkel der prinzipiellen Nutzung einer reinen Telekommunikationseinrichtung zu sehen. In diesem Fall spricht einiges dafür, daß sich aus rechtlichen Vorgaben für den Zugang zum Netz und zusätzlichen Sicherungsverfahren kaum Probleme ergeben. Rechtlich intrikater wird jedoch die Situation, wenn man die Zulassung des Nutzers zum System und die Bereitstellung spezieller Sicherungsverfahren gewissermaßen als die Verleihung einer "elektronischen Geschäftsfähigkeit" betrachtet. In diesem Fall ergibt sich für die Zugangsproblematik eine neue rechtliche Qualität.

(1) Nach einhelliger Meinung in Lehre und Rechtsprechung folgt ein Zugangsanspruch des einzelnen zu Fernmelde-Netzen aus dem allgemeinen verwaltungsrechtlichen

Grundsatz, daß die Träger öffentlichrechtlicher Monopole einem Zulassungszwang auch dann unterliegen, wenn dies im Gesetz nicht ausdrücklich angeordnet ist. Oder anders ausgedrückt: Der Träger eines solchen Netzes, der einerseits eine Monopolstellung innehat und andererseits Aufgaben der öffentlichen Verwaltung erfüllt, unterliegt gewissermaßen einem "öffentlichrechtlichen Kontrahierungszwang". Nach dieser Auffassung kann der potentielle Teilnehmer sogar die unverzügliche Einrichtung der erforderlichen Fernmeldeanlagen verlangen, soweit dies wirtschaftlich für den Netzbetreiber vertretbar ist.

Über diese nur auf verwaltungsrechtliche Grundsätze gestützte Argumentation hinaus stellt sich die weitere Frage, ob ein Zugangsanspruch eines potentiellen Teilnehmers auch aus dem Verfassungsrecht hergeleitet werden kann. Die Grundrechte, auf die ohnehin kein originärer Leistungsanspruch gestützt werden kann, scheiden dabei von vornherein aus der weiteren Betrachtung aus. Auch aus Art. 3 Abs. 1 Grundgesetz (GG) kann allenfalls ein derivativer Anspruch auf Gleichbehandlung bei der Zugangsgewährung hergeleitet werden. Es bleibt somit nur Art. 5 Abs. 1 S. 1 GG und das aus dieser Vorschrift fließende Recht auf freie Meinungsäußerung und -verbreitung sowie auf Zulassung zu "allgemein zugänglichen Quellen" übrig. Stellt man beim Nutzerzugang allein auf den Begriff der "Quelle" ab, so kommt man bei einer derartigen am Wortlaut orientierten Konkretisierung der genannten Vorschrift zu dem Ergebnis, daß Telekommunikationsnetze wegen ihrer reinen Transportfunktion lediglich ein Vermittlungsinstrument für den Informationsaustausch darstellen, selbst aber keine materiellen Informationen im Sinne einer Informationseinrichtung enthalten und daher auch nicht als "Quelle" angesehen werden können. Eine Einstufung des Netzes als Quelle im Sinne des Art. 5 Abs.1 S. 1 GG erscheint allenfalls dann angebracht, wenn die Informationstransporteinrichtung Netz für den Nutzer der einzige Weg ist, um mit einer Informationseinrichtung zu kommunizieren oder wenn bestimmte value added services ausschließlich über das Netz abgewickelt werden.

Auch ein Zugangsanspruch unter dem Aspekt des Rechts auf freie Meinungsäußerung und -verbreitung kommt nicht infrage, denn die juristische Dogmatik betrachtet dieses aus Art. 5 Abs. 1 S. 1 GG fließende Recht als reines Abwehrrecht. Eine Pflicht des Staates, dem einzelnen bestimmte Medien zur Meinungsäußerung zur Verfügung zu stellen, wird zwar bisweilen etwa unter dem Stichwort "offener Kanal" bei Hörfunk- und Fernsehprogrammen diskutiert. Ein entsprechender verfassungsrechtlich verankerter Anspruch auf Zugang besteht jedoch nach einhelliger Ansicht nicht.

Der Vollständigkeit halber sei ferner erwähnt, daß auch bei der Frage nach dem Anspruch auf Netzzugang den verfassungsrechtlichen Grundprinzipien von Demokratie und Sozialstaat allenfalls informationspolitische Argumente entnommen werden können.

Aus diesen Prinzipien einen individuellen Zugangs- und Leistungsanspruch ableiten zu wollen, hieße den Bogen nachvollziehbarer Verfassungskonkretisierung zu überspannen.

Somit kann bei dieser Betrachtung ein Zugangsanspruch zum Kommunikationsnetz und seinen Sicherungsverfahren allein auf den aus dem Fernmeldemonopol fließenden öffentlich-rechtlichen Kontrahierungszwang gestützt werden; ein weitergehender Anspruch, gestützt auf verfassungsrechtliche Vorschriften, scheidet demgegenüber aus.

(2) Weitere rechtliche Gesichtspunkte rücken jedoch ins Zentrum der Betrachtung, wenn man einmal davon ausgeht, daß bei einem flächendeckenden oder zumindest in einigen Bereichen üblichen Einsatz von elektronischen Unterschriftsverfahren zur Sicherung der Kommunikation in offenen Netzen die Zulassung zu solchen Verfahren notwendige Voraussetzung ist, um überhaupt an der geschäftlichen und gesellschaftlichen Kommunikation teilnehmen zu können. In diesem Fall bedeuten nämlich die Zulassung zu diesem Verfahren und die Aushändigung einer Chipkarte und eines Schlüssels mit entsprechender Beglaubigung durch eine Certification Authority gewissermaßen die Verleihung einer "elektronischen Geschäftsfähigkeit". Nur wer auf diese Art und Weise kommunizieren kann, wird als ebenbürtiger Kommunikations- und Geschäftspartner angesehen. Es mag problemlos sein, wenn solche Sicherungsverfahren nur für einzelne ausgewählte Interessenten angeboten werden. Die dadurch erzeugten geschlossenen Gruppen finden auch derzeit schon ihre Entsprechung (etwa die Nutzer einer Mailbox oder bei einer geschlossenen Benutzergruppe im Btx-System). Allerdings gehen bei den hier angesprochenen Sicherungsverfahren die Möglichkeiten, mit Zugangsberechtigungen bestimmte Gruppen von bestimmten Diensten und Angeboten auszuschließen, wesentlich weiter als mit den bisherigen Techniken der Informationsübermittlung. Deswegen wäre grundsätzlich die Frage zu beantworten, ob jede vorgeschaltete Verleihung einer Zugangsberechtigung die allgemeine Zugänglichkeit eines Systems ausschließt. Bedenkt man, daß - im unwahrscheinlichen Extremfall - auf diese Weise letztlich jedes öffentliche Netz zu einem nichtöffentlichen gemacht werden kann, dürfte diese Frage zu verneinen sein. Allerdings wird es schwer sein, hier zu klar faßbaren Abgrenzungen zu kommen. In dem Moment,

wo derartige Sicherungsverfahren bei der Übermittlung elektronischer Botschaften aber gang und gäbe und auch allgemeiner Standard der gesellschaftlichen und geschäftlichen Kommunikation sind, muß die Zugangsfrage und damit die Zuerkennung einer "elektronischen Geschäftsfähigkeit" an den jeweiligen Kommunikationspartner klar und umfassend rechtlich geregelt sein.

Letztlich hängt die Frage nach den dann jeweils einschlägigen rechtlichen Rahmenbedingungen aber von der tatsächlichen Ausgestaltung des Systems ab. Dabei lassen sich folgende Szenarien unterscheiden (vergl. ausführlich dazu K.Lenk/J.W.Goebel/R.Schmalz, Das elektronische Informationsgeschäft, Frankfurt am Main 1986, S. 94 ff.):

Zum einen wäre es denkbar, daß nur ein Kommunikationssystem existiert, das für alle darüber ablaufenden Kommunikationsvorgänge ein generelles Sicherungsverfahren anbietet. Jedermann, der das System nutzen will, bedarf dazu einer für alle Zwecke einheitlich zu verwendenden Chipkarte mit einem persönlichen Schlüssel.

In diesem Fall wären die Kriterien für die Chipkarten und Schlüssel-Vergabe identisch mit der Verleihung der Zugangsberechtigung zum Netz und der Möglichkeit, darüber gesicherte elektronische Erklärungen abzugeben. Dann aber stellt die Verweigerung von Karte und Schlüssel den Verlust der Möglichkeit dar, über das Netz für welche Zwecke auch immer gesicherte elektronische Botschaften abzuwickeln und damit am elektronischen Geschäftsverkehr teilzunehmen. Diese Verweigerung beraubt damit den potentiellen Nutzer solcher Telekommunikationseinrichtungen seiner "elektronischen Geschäftsfähigkeit". Bei einem allgemeinen Usus der Benutzung solcher Netze zur

Geschäftsabwicklung dürfte dies einen unzulässigen Eingriff in das Persönlichkeitsrecht des Ausgeschlossenen bedeuten.

Anders stellt sich die Situation dar, wenn die Erteilung bzw. Verweigerung von Karte und Schlüssel lediglich den Grund hat, eine geschlossene Benutzergruppe (etwa alle Kunden einer Bank, alle Mitarbeiter eines Unternehmens) zu definieren und zu realisieren. Mittels einer anderen Chipkarte oder eines anderen digitalen Pseudonyms ist dann ja immer noch eine Nutzung des Kommunikationssystems, auch unter Einsatz von Sicherungsverfahren, möglich, der Teilnehmer also nach wie vor in der Lage, am generellen elektronischen Geschäftsverkehr teilzunehmen.

Rechtlich unproblematisch dürfte auch der Fall sein, daß generell die Kommunikation ungesichert über das Netz abgewickelt und nur für einen bestimmten Geschäftszweck der Einsatz des Sicherungsverfahrens vorgesehen wird. Auch insoweit handelt es sich wieder um den Fall einer geschlossenen Benutzergruppe, dem (wenn nicht einzelne potentielle Nutzer willkürlich aus dieser ausgeschlossen werden, obwohl sie per definitionem dazugehören) keine rechtlichen Bedenken begegnen.

(3) Um für die genannten Szenarien eine umfassende und klare rechtliche Regelung zu erhalten sind Maßnahmen denkbar, die sich mehr an zivilrechtlich/vertraglichen oder mehr an öffentlichrechtlich/hoheitlichen Kriterien orientieren.

Die zivilrechtliche Variante würde darauf setzen, die in den zivilrechtlichen Normen steckenden hinreichenden Spielräume zu nutzen, um die genannten verfassungsrechtlichen Gedanken aufzufangen und ihnen auf dem Weg der sogenannten mittelbaren Drittwirkung der Grundrechte

Geltung zu verschaffen. So könnte etwa die monopolhafte Vergabe von Chipkarten und Schlüsseln mit ebensolchen Beschränkungen aufgefangen werden, wie sonst bei Monopolangeboten. Auch wäre denkbar, zwischen allen an der gesicherten Kommunikation Beteiligten eine vertragliche Regelung zu schaffen, die auch die Zugangsfrage näher ausgestaltet (zur vertraglichen Regelung vergl. noch später Abschnitt 4.3). Die Unsicherheit dieser Variante ist darin zu sehen, daß das Risiko eingegangen wird, so lange auf eine Reaktion der Rechtsprechung warten zu müssen, bis beispielsweise jemand auf die Idee kommt, eine Klage wegen eines ungerechtfertigten Ausschlusses vom Sicherungsverfahren zu wagen. Dessen Bestand und Entwicklung könnten sich dann allerdings so weit gefestigt haben, daß die Rechtsprechung vor den geschaffenen Fakten kapituliert und sie als zulässig akzeptiert. Aber auch das Gegenteil kann der Fall sein mit der Folge, daß die Regelung des Systemzugangs generell für unwirksam erklärt wird. Ob daraus durch etwaige Ansprüche ausgeschlossener Dritter Schäden bei den Systemherstellern, -anbietern und bisherigen -anwendern entstehen können, kann derzeit noch nicht beurteilt werden.

Öffentlichrechtlich/hoheitliche Reaktionen müßten solche des Gesetzgebers sein. In den existierenden Regelungsmechanismen finden sich jedenfalls keine, die einen spezifischen Ansatzpunkt darstellen, um den aufgeführten Problemen wirksam zu begegnen. Eine gesetzgeberische Initiative könnte sich vor allem deswegen anbieten, weil das Warten auf die Rechtsprechung die Gefahr in sich birgt, das Persönlichkeitsrecht des Kommunikationsteilnehmers sowie sein Grundrecht der Informationsfreiheit leerlaufen zu lassen. Daher kann das Argument der Effektivierung der Grundrechte einer solchen Aktivität das Wort reden. Außerdem könnte eine solche Argumentation durch die vom Bundesverfassungsgericht hervorgehobene Verantwortung des Gesetzgebers für das Funktionieren der Kommunikationsgrundrechte gestützt werden. Ob eine solche Initiative wirksamer sein kann als die angedeuteten privatrechtlich orientierten Vorstöße der Beteiligten und der Rechtsprechung, mag bezweifelt werden; wahrscheinlich sind sie derzeit jedenfalls nicht. Umso deutlicher wird die Verantwortung der Beteiligten, bei der Entwicklung von Instrumenten wie den geplanten Sicherungsverfahren von Beginn an eine ausgeprägte eigene Initiative zu einer akzeptablen Kommunikationsordnung auf elektronischer Basis herbeizuführen. Dennoch wäre es im Interesse eines effektiven Schutzes der Rechte aller potentiellen Nutzer sowie der Minimierung des Risikos der allein auf vertraglicher Basis Agierenden, wenn die Rahmenbedingungen für derartige Sicherungsverfahren zumindest grundsätzlich gesetzgeberisch ausgestaltet würden.

2.3 Notarfunktion der Certification Authority

Die zentrale Stellung und Funktion im Gesamtsystem der durch elektronische Unterschriften gesicherten Kommunikation über offene Netze kommt der sogenannten Certification Authority zu. Sie fungiert neben eventuellen Naming Authorities (CCITT X.400), Directories (CCITT X.500) und anderen Authorisierungsstellen als wichtigster "vertrauenswürdiger Dritter", generiert und vergibt die erforderlichen Schlüssel, beglaubigt sie und überläßt den Kommunikationsteilnehmern eventuell auch die notwendigen Chip-Karten, mit deren Hilfe die Kommunikation gesichert wird.

Die Certification Authority (CA) nimmt somit im Gesamtsystem eine schwerpunktmäßig beglaubigende Funktion war und ähnelt damit gewissermaßen einem Netz-Notar. Der Notar, der auch sonst Dokumente beurkundet und Unterschriften (allerdings handschriftliche, nicht elektronische) beglaubigt, genießt das ihm zukommende Vertrauen vor allem aufgrund seiner besonderen Stellung und Qualifikation. Es liegt daher nahe, die Anforderungen, die an einen "konventionellen" Notar und dessen Beglaubigungen gestellt werden, auch auf die hier zu diskutierende Zertifizierungsinstitution zu übertragen. Im einzelnen sei dabei auf folgende Anforderungen hingewiesen:

(1) Zunächst einmal wird von der beglaubigenden Stelle absolute Zuverlässigkeit bei der Ausübung ihrer Funktion verlangt. Diese wird beim konventionellen Notar vornehmlich durch die Aufstellung und Beachtung der insbesondere in der Bundesnotarordnung vom 24.2.1961 (BNotO) enthaltenen Verfahrensregeln bewirkt, die ihm besondere Sorgfaltspflichten auferlegen.

(2) Zum zweiten setzt die notarielle Tätigkeit aber auch eine entsprechende fachliche und persönliche Qualifikation voraus, die durch die Ausbildung (§ 5 BNotO), eine mehrjährige berufspraktische Einarbeitungszeit (§ 7 BNotO) und das Erfordernis der persönlichen Geeignetheit (§ 6 BNotO) sichergestellt wird. Die Einhaltung dieser Anforderungen wird von den Notarkammern (§§ 65 ff. BNotO) und den Aufsichtsbehörden (§§ 92 ff. BNotO) überwacht; bei Nichteinhaltung dieser Pflichten können Sanktionen bis zur Amtsenthebung (§ 50 BNotO) ausgesprochen werden.

(3) Eine weitere besonders wichtige Voraussetzung für das dem Notar entgegengebrachte Vertrauen ist seine Unabhängigkeit. Er hat sein Amt unparteiisch auszuüben (§ 14 Abs. 1 BNotO) und ist nur dem Gesetz unterworfen (§ 2 S.

1 BNotO). Damit einher geht das Prinzip der Weisungsfreiheit; d.h. der Notar ist nicht an Weisungen anderer Stellen gebunden; es würde vielmehr seinen Amtspflichten widersprechen, wenn er entsprechende Weisungen befolgte. Damit vertrüge sich beispielsweise auch nicht die fachliche und organisatorische Eingliederung des Notars in eine andere Stelle (Behörde oder sonstige öffentliche oder private Institution).

(4) Das Vertrauen, das einem Notar entgegengebracht wird, beruht zusätzlich auch auf der Unterwerfung unter ein in langer Tradition entwickeltes Berufsethos sowie andere geschriebene und ungeschriebene Regeln, die die "Reinheit" der Tätigkeit und der Persönlichkeit des Notars garantieren sollen. Auch das Gesetz (§ 14 Abs. 3 S. 1 BNotO) verlangt von ihm, daß er "sich durch sein Verhalten innerhalb und außerhalb seines Berufes der Achtung und des Vertrauens, die seinem Beruf entgegengebracht werden, würdig" zeigt.

(5) Ferner sind auch die schon erwähnte Tradition der notariellen Tätigkeit sowie die strenge strafrechtliche Ahndung von Verstößen gegen seine Amtspflichten vertrauensbildende Elemente im Hinblick auf die Stellung des Notars.

(6) Für seine vertrauenswürdige Position ist weiter bedeutsam, daß er im Falle von Schäden, die aus einer Verletzung ihm obliegender Pflichten resultieren, ein Haftungspotential zur Verfügung stellen kann, auf das der Betroffene zugreifen kann. Dieses Haftungspotential kann einerseits durch eine persönliche Haftung mit dem gesamten Vermögen erreicht werden. Es kann aber auch - wie dies im Falle des Notars geschehen ist (§ 19a BNotO) - über eine Versicherung (Berufshaftpflichtversicherung) realisiert werden. In jedem Fall soll der Geschädigte sicher

sein können, daß er seine Schadenersatzansprüche gegen den Notar auch realisieren kann.

(7) Schließlich ist für die umfassende Akzeptanz beglaubigender Tätigkeit durch den Notar aber noch ein weiterer Gesichtspunkt bedeutsam. Es ist dies - vereinfachend gesagt - die leichte Erreichbarkeit der beglaubigenden Stelle an nahezu jedem Ort und zu fast jeder Zeit. Der Bürger kann sich darauf verlassen, daß er ohne große räumliche Entfernungen überwinden und längere Zeit warten zu müssen, eine Beglaubigung erhalten kann. Wäre dies nicht der Fall, würden (notarielle) Beglaubigungen im Geschäftsleben kaum eine Rolle spielen können.

Überträgt man nun diese Anforderungen auf die technische Einrichtung der CA, so hängt die Beantwortung der Frage, welche an diese nun im konkreten Einzelfall zu stellen sind, wesentlich von der Ausgestaltung und Organisation des gesamten Sicherungssystems, insbesondere des Schlüsselvergabe- und Beglaubigungsverfahrens ab. Drei grundsätzliche Varianten sind dabei denkbar, die im konkreten Anwendungsfall miteinander vermischt oder auch modifiziert realisiert sein mögen:

Zum einen kann sich die Anwendung des Sicherungsverfahrens auf einen bestimmten Personenkreis beschränken, der mit einer bestimmten Institution (Unternehmen, Konzern, Behörde etc.) in enger Verbindung steht (Beispiel: alle Kunden einer Bank).

Zum zweiten - gewissermaßen als Gegenstück dazu - ist ein Modell denkbar, bei dem eine einzige zentrale Zertifizierungsinstanz für alle Bereiche in Wirtschaft und Verwaltung zuständig ist (Einheitsmodell), deren Beglaubigungen universell gelten und akzeptiert werden sollen.

Dazwischen steht ein Mischmodell, bei dem die Zertifizierung auf der untersten Hierarchie-Ebene von einer internen Stelle in einem Unternehmen oder einer Behörde vorgenommen wird; darüber gelagert sind weitere Hierarchie-Ebenen mit eigenen CA, die jeweils die Schlüsselvergabe der nächstunteren CA beglaubigen. Auf der höchsten Hierarchie-Stufe wird diese Funktion dann wiederum von einer zentralen CA wahrgenommen.

Es erscheint plausibel, daß für die Variante, in der die CA umfassende und allgemeingültige Beglaubigungen vornehmen und damit weitgehend die Funktion eines "elektronischen Notars" wahrnehmen soll, auch die oben an die Tätigkeit eines menschlichen Notars geknüpften Anforderungen am weitestgehenden erfüllt sein müssen. Ja es ist sogar daran zu denken, diese Stelle von Notaren oder ihrem berufsständischen Zusammenschluß (etwa einer Notarkammer) betreiben zu lassen. Die Nähe zur konventionellen notariellen Tätigkeit dürfte dazu beitragen, daß auch dieser Institution das erforderliche Vertrauen im Rechts- und Geschäftsverkehr entgegengebracht würde. Allerdings werden diese Stellen, die im Netz der internationalen Telekommunikation für jeden Staat nur einmal eingerichtet werden sollen, auch den höchsten Standard an Sicherheit und Zuverlässigkeit aufweisen müssen.

Sofern sich die Anwendung des Sicherungsverfahrens und damit auch die Beglaubigungen im Innenbereich einer Organisation halten bzw. nur auf Mitglieder einer unbegrenzten Personengruppe beziehen, die zu der Organisation in einem engen Verhältnis stehen (Mitarbeiter eines Unternehmens, Versicherte einer Versicherung, Kunden einer Bank etc.), erscheint es unproblematisch, eine Untereinheit dieser Organisation selbst oder auch eine vertrauenswürdige dritte Stelle mit der Zertifizierung zu betrauen. Die an diese zu stellenden Anforderungen sind auf einer relativ niedrigen Stufe anzusiedeln. Für die Teilnehmer am Sicherungsverfahren wird es allein darauf ankommen, daß die CA im Gesamtaufbau der Organisation oder durch ihre externe Stellung besonders vertrauenswürdig erscheint. Dies kann bei einem Privatunternehmen zum Beispiel bei einer direkt der Geschäftsführung unterstellten und ansonsten selbständigen Stabseinheit (etwa dem Justitiariat) der Fall sein. Als externe Stelle käme wiederum ein Notar infrage. Hinsichtlich der Haftung und der jederzeitigen Erreichbarkeit der Zertifizierungsstelle ergeben sich keine Besonderheiten. Die Anforderungen an ihre Sicherheit und Zuverlässigkeit sind bei weitem nicht so hoch anzusetzen wie bei den oben erwähnten höchsten nationalen Certification Authorities. Möglicherweise kann die Funktion der hierarchisch tief angesiedelten dezentralen CA auch auf eine überwiegend technische Einrichtung ohne menschliches Personal übertragen werden.

Das oben bereits erwähnte Mischmodell verbindet dezentral angesiedelte (auch interne) Zertifizierungsinstitutionen über eine Zertifizierungshierarchie mit einer zentralen unabhängigen Stelle auf der höchsten Ebene. Während die entsprechenden Institutionen der ersten Ebene im wesentlichen nur den Anforderungen entsprechen müssen, die soeben diskutiert wurden, erfordert die letztinstanzliche Zertifizierungsstelle eine möglichst notarähnliche Ausgestaltung. Für die Zwischeninstanzen, die etwa regional oder nach Sektoren (Wirtschafts- oder Verwaltungsbereichen) strukturiert werden könnten, sind Misch- und Übergangsformen denkbar, die hier nicht näher behandelt werden können. In jedem Fall wäre es aber auch insoweit empfehlenswert, Notare und ihre berufsständische Organisation möglichst frühzeitig mit in die Planung und Errichtung solcher Stellen einzubeziehen.

2.4 Weitere Rahmenbedingungen

Abschließend sei noch kurz auf zwei weitere rechtliche Rahmenbedingungen hingewiesen, denen die elektronische Unterschrift sowie die gesamte gesicherte Kommunikation über offene Netze genügen muß.

Zum einen ist für den Fall, daß die hier interessierenden Sicherungssysteme und Certification Authorities von und für öffentlichrechtlich verfaßte Institutionen und Bereiche implementiert werden sollen, die verfassungsrechtlich vorgegebene staatliche Kompetenzordnung sowie die dadurch und durch weitere rechtliche Vorgaben (Bundesstaatsprinzip, kommunales Selbstverwaltungsrecht, Gewaltenteilung und -zuordnung etc.) festgeschriebene Differenzierung der öffentlichen Gewalt und Verantwortung zu beachten. Ein beispielsweise für den Geschäftsbereich einer Bundesbehörde zulässigerweise eingeführtes Sicherungsverfahren für die Kommunikation darf nicht ohne weiteres auf den Kompetenzbereich einer Landesbehörde oder einer kommunalen Gebietskörperschaft übertragen werden, ohne daß zuvor in den durch das Verfassungs- und Verwaltungsrecht vorgegebenen Formen eine entsprechende Vereinbarung etwa über die Anerkennung von Schlüsselbeglaubigungen zwischen den Beteiligten vorgenommen wurde. Solche Probleme stellen sich für den privaten Bereich kaum.

Bisher rechtlich nicht abgeklärt ist ferner die Frage, inwieweit die Verwendung biometrischer Verfahren (Fingerabdrücke, voice print, Abtastung des Augenhintergrundes u.ä.) zur Identifikation des Kommunikationsteilnehmers gegenüber dem Netz oder einer vorgelagerten Chipkarte möglicherweise eine Verletzung der Menschenwürde und damit einen Verstoß gegen das Grundrecht aus Art. 1 Abs. 1 GG darstellen kann. Die

Reduzierung der Unzuverlässigkeit technischer Sicherheitssysteme an der Mensch-Maschine-Schnittstelle darf jedenfalls nicht so weit gehen, daß der Mensch mit dem System gewissermaßen "verschweißt" wird. Was in diesem Zusammenhang an biometrischen Verfahren letztlich unter dem Aspekt der Menschenwürde noch toleriert werden kann und was nicht, hängt vom verwendeten Verfahren und den Zwecken ab, für die es eingesetzt wird. Einzelheiten müssen unter Berücksichtigung der technischen Entwicklung späteren Untersuchungen vorbehalten bleiben.

3 Rechtliche Einzelfragen

3.1 Zum Unterschriftsbegriff

In diversen Regelungszusammenhängen der verschiedensten Gesetze ist von einer erforderlichen Unterschrift die Rede. Die dabei gestellten formalen Anforderungen, was als "Unterschrift" genügen soll, sind jedoch weder gesetzlich definiert, noch einheitlich; vielmehr differieren sie je nach dem Regelungskontext. Die folgenden Beispiele mögen dies verdeutlichen.

§ 126 Abs. 1 des Bürgerlichen Gesetzbuches (=BGB) legt fest, daß für eine vom Gesetz verlangte Schriftform nur eine Urkunde ausreichen soll, die vom Aussteller "eigenhändig durch Namensunterschrift oder mittels notariell beglaubigten Handzeichens unterzeichnet" wurde. Zwar darf sich der Aussteller der Urkunde einer Unterstützung im Sinne einer Schreibhilfe bedienen; verwendet er aber Stempel, Faksimile oder sonstige mechanische Hilfsmittel, so fehlt es an der Eigenständigkeit. Zwar handelt es sich dann, wie der Bundesgerichtshof (in NJW 1970, S. 1078 ff.) festgestellt hat, "um eine Unterzeichnung im Rechtssinne"; soweit diese aber in gesetzlichen Regelungen, wie etwa in § 793 Abs. 2 BGB für die Unterzeichnung der Schuldverschreibung auf den Inhaber als ausreichend angesehen wird, so ist insofern von einem ausnahmsweise schwächeren Formerfordernis als in § 126 Abs. 1 BGB auszugehen.

Wegen des Ausnahmecharakters solcher Regelungen verbietet sich nach Auffassung des Bundesgerichtshofs "von vornherein eine ausdehnende Anwendung dieser Vorschriften" auf andere Bereiche.

Der Schriftzug muß in jedem Fall vom Willen des Ausstellers bestimmt sein - Fremdbestimmung führt zur Nichtigkeit der in der Urkunde verkörperten Erklärung. Für die Namensunterschrift genügt die Verwendung des Nachnamens, wobei Leserlichkeit nicht verlangt wird; der Schriftzug muß jedoch eine Zusammensetzung aus Buchstaben erkennen lassen, individuell und einmalig sein und vor allem die Identität des Unterschreibenden ausreichend kennzeichnen, wozu eine bloße Paraphe nicht ausreicht.

Anders ist dies beispielweise bei der Zeichnung durch Vorstandsmitglieder nach § 25 Abs. 4 Genossenschaftsgesetz (=GenG): Sie zeichnen durch Beifügen ihrer Namensunterschrift zur Firma der Genossenschaft oder zur Benennung des Vorstands. Hier ist aber keine Handschriftlichkeit erforderlich, da § 25 Abs. 4 GenG weniger strenge Anforderungen stellt als § 126 BGB.

Die beiden Beispiele mögen genügen, um zu verdeutlichen, daß die an eine "Unterschrift" zu stellenden Anforderungen nicht dargestellt werden können, ohne auf den Zusammenhang ihrer Verwendung einzugehen. Es ist daher notwendig, "die" Unterschrift in ihrer jeweiligen Funktion zu betrachten.

(1) **Die Funktion der Unterschrift**

Grundsätzlich lassen sich vier Funktionen der Unterschrift unterscheiden:

1. die **Echtheitsfunktion**, die sicherstellen soll, daß eine Erklärung auch wirklich vom Unterschreibenden stammt;

2. die **Identitätsfunktion**, die klarstellt, wer der Aussteller einer Urkunde ist;

3. die **Abschlußfunktion**, die - im Unterschied zu einem Entwurf - die Vollendung der Erklärung signalisiert;

4. die **Warnfunktion**, die den Unterzeichner vor Übereilung bewahren soll.

Im folgenden werden Beispiele möglicher Verwendungszusammenhänge aufgezeigt, die zum Teil diese vier Grundfunktionen noch ergänzen. Überschneidungen der einzelnen Beispiele bezüglich der Funktionen sind dabei nicht ausgeschlossen.

Zunächst sei ein Fall erwähnt, in dem der Unterschrift die Funktion zukommt, die Richtigkeit eines Schriftstücks zu bestätigen: § 163 der Zivilprozeßordnung (=ZPO) bestimmt, daß das Protokoll der mündlichen Verhandlung vom Vorsitzenden und vom Urkundsbeamten der Geschäftsstelle des Gerichts zu unterschreiben ist. Diese Unterschriften müssen handschriftlich und eigenhändig erfolgen, sonst sind sie unwirksam. Der Vorsitzende ist verpflichtet, die inhaltliche Richtigkeit und Vollständigkeit des Protokolls zu prüfen; er darf sich dabei zwar auf sein Gedächtnis verlassen; hat er jedoch Zweifel, so muß er den Urkundsbeamten der Geschäftsstelle oder die Beisitzer befragen. Dies zeigt deutlich, daß mit der Unterschrift die Richtigkeit des Protokolls dokumentiert werden soll.

Ein weiteres Beispiel für diesen Unterschriftszweck stellt die Vorschrift des § 275 Abs. 2 der Strafprozeßordnung (=StPO) dar, wonach ein Urteil von den Richtern zu unterschreiben ist, die bei der Entscheidung mitgewirkt haben. Hier beurkunden die Richter, daß die Urteilsgründe mit den . Beratungsergebnissen übereinstimmen und bestätigen so ebenfalls die inhaltliche Richtigkeit des Urteilsdokuments.

Die Echtheitsfunktion wird etwa anhand des Art. 1 des Scheckgesetzes (=ScheckG) deutlich, der in Ziffer 6 die Unterschrift des Ausstellers zum notwendigen Bestandteil eines Schecks erklärt. Die auf einem jeden Scheck aufgedruckte Kontonummer des Ausstellers würde zwar auch die Identifizierung ermöglichen, jedoch ersetzt diese die (notwendig handschriftliche) Unterschrift nicht. Der Grund hierfür wird schnell klar, wenn man an den Fall gestohlener oder sonst abhandengekommener Scheckvordrucke denkt: Werden diese von einem "Finder" gezeichnet, so fehlt das Zusammenspiel zwischen korrekter Kontonummer und authentischer Aussteller-Unterschrift.

Trotz der Forderung des Art. 1 Ziffer 6 ScheckG nach der eigenhändigen Unterschrift verwenden große Unternehmen zur Begleichung ihrer täglich oft unzähligen Rechnungen Scheckvordrucke mit faksimilierten Unterschriften; jedoch bestehen in diesen Fällen besondere Vereinbarungen mit den Banken, so daß diese auch solche Schecks einlösen.

An anderer Stelle im Gesetz ist die Funktion eindeutiger Zuordnung eines Schriftstücks zu einem bestimmten Aussteller bereits aufgeweicht: Vorbereitende Schriftsätze im Sinne des § 129 ZPO, die eine endgültige Erklärung innerhalb des Verfahrens enthalten, müssen grundsätzlich eigenhändig und handschriftlich unterschrieben sein. Hierdurch will man sicherstellen, daß der Schriftsatz auch vom Unterzeichner stammt.

Weist die Unterschrift keine individuellen Merkmale auf oder läßt sie keine Buchstaben erkennen, so genügt sie dieser verfolgten Funktion nicht. Jedoch hat die

Rechtsprechung hiervon Ausnahmen gemacht, um die Wahrung der Rechtsmittelfristen durch Nutzung moderner technischer Übermittlungsmethoden zu erleichtern. War dabei zunächst nur das Telegramm als formgültige Rechtsmittelschrift gewohnheitsrechtlich anerkannt, so wurden in der Folge auch Fernschreiben und Telebriefe (=Telefax) als dem Schriftformerfordernis genügend eingestuft. Begründet wurde dies damit, daß kein Anlaß bestehe, "dem Bürger die Vorteile dieses modernen Kommunikationssystems vorzuenthalten" und "die Gefahr des Mißbrauchs geringer als die der Täuschung des Rechtsverkehrs durch ein Telegramm" (BGH in: NJW 1982, S. 1470) sei. Bezüglich der Einlegung der Revision per Telebrief hat das Bundesverwaltungsgericht sogar deutlich hervorgehoben, daß dem Bedürfnis der Rechtssicherheit genügt werde, weil das Verfahren der Telekopie der Deutschen Bundespost den Inhalt des kopierten Schriftstücks zuverlässig wiedergebe (BVerwG in: NJW 1987, S. 2098). Selbst wenn das telekopierte Schriftstück nur eine fotokopierte Unterschrift enthalte, so reiche dies aus, um festzustellen, daß die Prozeßerklärung vom Unterzeichner stamme. Darüberhinaus hat die Rechtsprechung die Ansicht vertreten, das Telekopie-Verfahren biete gegenüber Telegramm- oder Fernschreiberübermittlungen eine erhöhte Inhalts- und Unterschriftsgarantie.

Hält man sich vor Augen, daß ein Telegramm ohnehin nicht eigenhändig unterzeichnet werden kann, so ist diese Überlegung nur folgerichtig. Außerdem hatte die Rechtsprechung im Zusammenhang mit Schriftformerfordernissen auch vervielfältigte Unterschriften als ausreichend angesehen, so daß die Anerkennung auch von Telekopie-Verfahren als "Zusammenfassung" der zuvor schon akzeptierten Übermittlungen geradezu zwingend erscheint.

Gleich, welche der oben genannten Funktionen man betrachtet, kann festgestellt werden, daß sie jedenfalls gegenüber dem Rechtsverkehr einen Sicherungszweck erfüllen. Dieser Sicherungszweck tritt bei einigen weiteren Vorschriften ganz in den Vordergrund. So soll etwa die nach § 12 Handelsgesetzbuch (=HGB) erforderliche öffentliche Beglaubigung der zur Aufbewahrung bei Gericht bestimmten Zeichnungen von Unterschriften sicherstellen, daß derjenige, der Anmeldungen zum Handelsregister vornimmt, hierzu auch befugt ist. Durch die Hinterlegung solcher - auch in anderen Gesetzen verlangter - Unterschriften wird dem Publikum dann die Möglichkeit verschafft, einen Namenszug, der den Betreffenden im Wirtschaftsleben möglicherweise begegnet, zu kennen.

Nun wird es aber immer Fälle geben, in denen die Sicherung des Rechtsverkehrs auch anders zu bewerkstelligen ist als durch eine korrekte Namensunterschrift. Das Fehlen dieser Unterschrift als Formalvoraussetzung zieht also nicht immer die Folgen beispielsweise der Unwirksamkeit eines Vertrages nach sich. Man denke nur an die vielfach verwendeten "Krakel", die sich unter Verträgen finden: Oft ähneln sie mehr der Hinterlassenschaft eines defekten Schreibgeräts als einer Folge von Buchstaben. Streng genommen erfüllen sie den Unterschriftsbegriff deshalb nicht. Dennoch werden sie im Geschäftsleben akzeptiert, weil sie einer Person zugeordnet werden können und in einem bestimmten Zusammenhang gebraucht worden sind.

(2) Bedeutung für die elektronische Unterschrift

Es kann eine grundsätzliche Bereitschaft der Rechtsprechung zur Anerkennung des Einsatzes neuer

Techniken und Verfahren zur Übermittlung von Erklärungen festgestellt werden. Sichergestellt sein muß dabei allerdings, daß die Übermittlung zuverlässig geschieht und Möglichkeiten, auf die übermittelte Erklärung Einfluß zu nehmen, weitgehend ausgeschlossen werden können, so daß ein mit diesen Techniken verbundenes Mißbrauchsrisiko gegenüber herkömmlichen (schriftlichen) Erklärungen zumindest nur unwesentlich erhöht erscheint. Wesentlich sind der Rechtsprechung also die Echtheits-, die Identitäts- und die Abschlußfunktion der Unterschrift, die sie aber durch entsprechende technische Gegebenheiten von Fall zu Fall ausreichend ersetzt sieht.

Es fällt auf, daß die Warnfunktion der Unterschrift keine Rolle in den angesprochenen Entscheidungen spielt; anzunehmen, die Rechtsprechung achte diese Funktion gering, wäre aber sicher verfehlt, denn diese Funktion spielt bei Erklärungen in Gestalt von Rechtsmitteln eben eine allenfalls untergeordnete Rolle. Jedoch wird diese Funktion im Zusammenhang mit Bestell- oder Zahlungsvorgängen bedeutend. Als reine Individualgeschäfte sind derartige Vorgänge nicht als "Massenverkehr" qualifizierbar, für den die Warnfunktion der Unterschrift entbehrlich sein könnte. Es gilt daher, auch diese Unterschriftsfunktion nachzubilden, wenn man zur elektronischen Unterschrift übergehen will, denn gerade Bestell- und Zahlungsvorgänge werden einen Anwendungsschwerpunkt hierfür bilden. Da Systemrückfragen als Instrument zur Fehlervermeidung im Umgang mit elektronischen Arbeitsmitteln aber mittlerweile "state-of-the-art" sind (man denke nur an die Kontrollfrage des PC-Betriebssystems, ob man eine Datei wirklich löschen wolle), dürfte es programmiertechnisch keine allzu großen Schwierigkeiten bereiten, auch für den Einsatz der elektronischen Unterschrift entsprechende Rückfrage-Routinen vorzusehen.

Bezüglich der Abschlußfunktion bietet die elektronische Unterschrift nach Auffassung der Autoren sogar eine erhöhte Sicherheit, wenn man zum Vergleich die "klassischen" schriftlichen Verfahren heranzieht. Waren bei letzteren Korrekturen und Ergänzungen, etwa auch durch Austausch ganzer Blätter eines mehrseitigen Vertragswerks, möglich, so wird dies bei einer elektronischen Unterschrift, die gleichzeitig den Inhalt des mit ihr "abgezeichneten" Dokuments verschlüsselt, undenkbar. Alle nach elektronischer Unterzeichnung hinzugekommenen Inhalte wären dann als un- oder anders verschlüsselt sofort zu erkennen.

Für die Echtheitsfunktion der Unterschrift gilt das soeben Gesagte sinngemäß, wenn durch Sicherungmaßnahmen für den Zugriff auf die Technik der elektronischen Unterschrift (also zum Gebrauch einer Chipkarte etwa) sichergestellt ist, daß nur der wirklich Berechtigte "unterschreiben" kann. Eine entsprechend ausgelegte PIN dürfte dies aber gewährleisten.

Die Identitätsfunktion der Unterschrift wird auf elektronischem Wege erreicht, wenn beim Einsatz (asymmetrischer) Kryptierungsverfahren den Kommunikationspartnern durch wechselseitige Ver- und Entschlüsselung die eindeutige Feststellung ermöglicht wird, mit wem sie es zu tun haben.

3.2 Form- und Beweisvorschriften

(1) Neben dem Erfordernis einer (eigenhändigen) Unterschrift verlangen gesetzliche Vorschriften vielfach eine bestimmte äußere Form als Gültigkeitsvoraussetzung von Willenserklärungen. Zu glauben, die Auseinandersetzung mit solchen Erfordernissen sei im Rahmen einer Betrachtung zur Verwendung elektronischer Unterschriften überflüssig, ist deshalb verfehlt, weil elektronische Unterschriften nur im Zusammenspiel mit elektronischen Dokumenten Sinn machen. Als Beispiel soll daher im folgenden anhand der zugegebenermaßen strengen Vorschriften des Wechselgesetzes (=WG) geklärt werden, ob derartigen Erfordernissen auch in elektronischer Form genügt werden kann. Für das gewählte Beispiel des Wechselgesetzes muß dementsprechend die Frage lauten: Wäre ein Wechsel in elektronischer Form denkbar?

Es seien hier zunächst die einzelnen Voraussetzungen kurz aufgezeigt, die das Gesetz für das Vorliegen eines Wechsels aufstellt; auf bestimmte Voraussetzungen wird sodann näher einzugehen sein.

Die Bestandteile eines Wechsels bestimmt Art 1 WG. Hiernach enthält der bezogene Wechsel

1. die Bezeichnung als Wechsel im Texte der Urkunde, und zwar in der Sprache, in der sie ausgestellt ist;

2. die unbedingte Anweisung, eine bestimmte Geldsumme zu zahlen;

3. den Namen dessen, der zahlen soll (Bezogener);

4. die Angabe der Verfallzeit;

5. die Angabe des Zahlungsortes;

6. den Namen dessen, an den oder an dessen Order gezahlt werden soll;

7. die Angaben des Tages und des Ortes der Ausstellung;

8. die Unterschrift des Ausstellers.

Einige dieser Bestandteile sind allerdings verzichtbar. So trifft Art. 2 WG Auslegungsregelungen für Wechsel, bei denen die Verfallzeit nicht angegeben ist (Art. 2 Abs. 2 WG), bei denen der Zahlungsort fehlt (Art. 2 Abs. 3 WG) und bei denen kein Ausstellungsort angegeben ist (Art. 2 Abs. 4 WG); fehlen aber andere in Art. 1 WG angegebene Voraussetzungen, so liegt kein Wechsel vor (Art. 1 Abs. 1 WG). Einer dieser unverzichtbaren Bestandteile sei hier als Beispiel erläutert, und zwar die "Bezeichnung als Wechsel": Da nur die Bezeichnung als "Wechsel" eine Unterscheidung des Wechsels beispielsweise von der bürgerlichrechtlichen oder kaufmännischen Anweisung bewirkt, kann das Wort "Wechsel" durch keine andere Bezeichnung ersetzt werden; Zusammensetzungen, die den gleichen Sinn ergeben, sind allerdings zulässig. Die Verwendung des Begriffs "Wechsel" in der Überschrift genügt indes nicht, weil Art. 1 Ziffer 1 WG ausdrücklich die Bezeichnung als Wechsel "im Texte der Urkunde" verlangt.

Weitere bedeutende Formerfordernisse, die für die Zirkulation und Verwendung eines Wechsels wichtig sind, ergeben sich im Zusammenhang mit dem Indossament sowie beim Wechselprotest. So bestimmt Art. 13 Abs. 1 WG, daß ein Indossament "auf den Wechsel selbst oder auf ein mit dem Wechsel verbundenes Blatt (Anhang)" zu setzen ist. Dies bedeutet, daß es nicht genügt, wenn eine getrennte

Urkunde das Indossament enthält. Für die Form des Wechselprotests trifft Art. 81 Abs. 1 WG eine gleiche Regelung: Der Protest muß entweder auf dem Wechsel selbst oder auf einer Allonge stehen.

Nun muß man sich sicher fragen, ob diese Anforderungen Ausdruck eines puren Formalismus sind, oder ob mit ihnen nicht doch eine bestimmte Funktion verfolgt wird. Um es vorwegzunehmen: Letzteres ist der Fall. Das strenge Beharren auf der Bezeichnung "Wechsel" soll sicherstellen, daß jeder sofort erkennen kann, ob es sich bei einer Urkunde um einen Wechsel handelt. Zusammen mit den übrigen unverzichtbaren Formerfordernissen wird damit eine große Sicherheit des Wechselverkehrs erreicht, die wegen der Eigenschaft des Wechsels als Wertpapier, dessen Besitz die sachliche Voraussetzung für die Anspruchsberechtigung bildet, auch verlangt werden muß. Zugleich hat aus der Wechselurkunde selbst die Wechselverpflichtung hervorzugehen. Ergänzungen außerhalb der Urkunde sind aus ihr eben nicht erkennbar und können vom Empfänger eines solchen Papiers deshalb nicht abgeschätzt werden. Dies muß aber ausgeschlossen bleiben, wenn der Besitz der Urkunde nicht nur das "Ob", sondern auch das "Wie" einer Wechselforderung signalisieren soll. Es ist leicht einzusehen, daß nur dadurch ein reibungsloser Wechselverkehr gewährleistet werden kann, daß strengste förmliche Voraussetzungen die fehlende Möglichkeit zur Überprüfung außerhalb der Urkunde liegender Umstände, die die Zahlungsverpflichtung betreffen könnten, ersetzen. Anders ist nämlich eine Übertragung des Wechsels durch Übereignung der indossierten Urkunden kaum denkbar - wer würde sich schon mit einem Papier zufrieden geben, dessen Wert er nicht annähernd abschätzen kann. Zu Recht ist daher der Wechsel ein "streng förmliches" Wertpapier.

Bei aller geforderten Wechselstrenge fällt eines auf: Der Inhalt der Wechselurkunde ist sehr genau vorgegeben, eine bestimmte Beschaffenheit der Urkunde hingegen nicht. Warum also sollte nicht auch eine elektronische, also körperlose Wechsel-"Urkunde" möglich sein?

Indes gebietet die Funktion des Wechsels als zirkulierendes Wertpapier ein Festhalten an einem strengen Urkundsbegriff, wonach eben nur schriftliche, verkörperte Gedankenäußerungen eine "Urkunde" darstellen können. Selbst wenn davon auszugehen ist, daß mit Hilfe moderner Kryptierungsverfahren eine - bisher elektronisch spurenlos mögliche - Veränderung des Datensatzes "Wechsel" ausgeschlossen werden könnte und damit sein wesentlicher Inhalt zuverlässig gewährleistet wäre, so macht doch die elektronische Form eine echte Zirkulationsfähigkeit eines Dokumentes unmöglich. Dies mutet zunächst unverständlich an, da die Schnelligkeit und Simplizität elektronischer Übertragungswege für das Gegenteil zu sprechen scheint. Verdeutlicht man sich jedoch, daß der "Inhaber" eines solchen Dokumentes dieses weitergeben könnte, ohne es dadurch automatisch selbst zu verlieren (etwa durch Abspeicherung in seinem Datenbestand), so wird schnell klar, daß auf diese Weise ein Wechsel vervielfältigt werden könnte, anstatt als Unikat zu zirkulieren. Die Funktion des Wechsels als Inhaberpapier verbietet aber jede Duplizierungsmöglichkeit, da diese die Wirtschaftspraxis vor ein erhebliches Risiko stellen würde.

Desweiteren würden einer zu Sicherungszwecken kryptierten elektronischen Wechsel"urkunde" auch die Möglichkeiten eines formgerechten Indossaments und eines formgerechten Protests fehlen. Die Kryptierung soll nämlich gezielt die nachträgliche Veränderung eines Dokuments ausschließen, während diese erkennbare Veränderung mit dem Indossament und dem Protest gerade bezweckt ist - ein kaum auflösbarer Widerspruch. Auch eine Art "elektronischer Allonge" ist schwer vorstellbar, da die Anforderung, diese untrennbar mit dem "Wechsel" zu verbinden, gleichfalls mit der Unveränderbarkeit der kryptierten "Urkunde" kollidiert.

Nun könnte man auf die Idee kommen, die Zirkulationsfähigkeit eines "elektronischen Wechsels" dadurch herbeizuführen, daß man zunächst (als Wechselaussteller) einen authentizierten Text erstellt und diesen dann mitsamt der für die persönlich gebundene Kryptierung unerläßlichen Chipkarte zusammen jeweils weitergibt. Dies stößt jedoch auf Praktikabilitätsprobleme: Mit der Weitergabe der Chipkarte verliert der Wechselaussteller auch seine Unterschriftsfähigkeit in einem derart gesicherten Telekommunikationsnetz - er braucht also eine neue "Unterschrift" in Form einer neuen Chipkarte, wenn er weiterhin über das Netz kommunizieren will. Notwendigerweise bekommt ein Nutzer auf diese Art mit der Zeit etliche Schlüssel, wenn er mehrere Wechsel in Umlauf setzt. Allmählich wird dadurch aber die eindeutige Identifikation eines Nutzers unübersichtlich, denn während eine Unterschrift auf "klassische" Art sich zwar im Laufe der Jahre wandelt, so gibt sie jedenfalls nicht einmal "Müller" und beim nächsten Mal "Meier" wieder - auch wenn sie nur in einem bekannten "Krakel" besteht. Immer wieder wechselnde Schlüssel aber würden diese Gefahr heraufbeschwören.

Hinzu kommt, daß die Weitergabe der "Sache" Chipkarte der angestrebten Abwicklung von Rechtsgeschäften in rein elektronischer Form natürlich widerspricht.

Insgesamt läßt sich somit festhalten, daß wegen mangelnder Indossaments- und Protestmöglichkeiten, vor allem aber wegen der nicht vorhandenen Zirkulationsfähigkeit, eine elektronische Form des Wechsels nicht möglich ist. Andere nicht so formstrenge Wertpapiere und Dokumente lassen sich jedoch möglicherweise eher elektronisch nachbilden.

(2) So wie der Wechsel ein zuverlässiger Beleg für einen in ihm behaupteten Sachverhalt sein muß, so gibt es diese Funktion auch im Zusammenhang mit anderen verkörperten Gedankenerklärungen. Die Rede ist hier von Dokumenten, die als Beweismittel in gerichtlichen Verfahren eingeführt werden, um Dritte - in diesem Fall die Mitglieder eines Gerichts - von einem behaupteten Sachverhalt zu überzeugen.

Dieser sogenannte Urkundenbeweis ist keiner Verfahrensordnung fremd. Ohne hier im einzelnen auf die diversen Rechtsquellen eingehen zu wollen, kann als Gemeinsamkeit festgehalten werden, daß alle zugrundeliegenden Vorschriften den Begriff "Urkunde" verwenden. Lediglich § 249 Abs. 1 der Strafprozeßordnung spricht darüberhinaus auch "andere als Beweismittel dienende Schriftstücke" an.

Es sei daher im folgenden gestattet, stellvertretend für die Vielzahl der Verfahrensordnungen lediglich die Regelungen der Zivil- und der Strafprozeßordnung darzustellen.

Die Zivilprozeßordnung (=ZPO) verwendet den Begriff "Urkunde" für die schriftliche Verkörperung eines Gedankens. Nichtschriftliche Verkörperungen genügen dem Urkundsbegriff hingegen nicht. Jedoch ist die Art der schriftlichen Fixierung unerheblich, so daß weder das Trägermedium noch etwa die Schriftzeichenart im Urkundsbegriff vorgegeben sind.

Die Literatur zum Zivilprozeßrecht hat daher wiederholt darauf abgehoben, daß auch Computerbescheide und ähnliche technische Aufzeichnungen Urkunden seien, da auch sie Gedanken verkörpern. Die Vorgänge, die von der Literatur dabei angesprochen werden, unterscheiden sich jedoch deutlich von dem, was mit dem Einsatz elektronischer Unterschriften in der Telekommunikation angestrebt wird. An einem "Computerbescheid" wird dies sehr deutlich: Wenn eine Behörde etwa einen Bußgeldbescheid erstellt und sich hierzu der Datenverarbeitungstechnik bedient, so ersetzt sie lediglich den früher üblichen Ausfüllungsvorgang vorgedruckter oder selbstformulierter Bescheide durch einen programmierten Standard. Sie beabsichtigt aber trotzdem von vornherein nichts anderes, als dem Adressaten dieses Bescheids ein lesbares, etwa per Drucker hergestelltes Schriftstück in die Hand zu geben, das dieser ohne Hilfsmittel entziffern kann. Derartige Fälle treffen aber das Problem der "elektronischen Dokumente" nicht, denn bei diesen läuft rein tatsächlich ein anderer Vorgang ab: Wird über ein Netz kommuniziert, so findet diese Kommunikation zwischen den Partnern von Rechner zu Rechner statt. Die Partner werden etwa Angebote oder Vertragskonditionen nicht als Vorinformation über das System austauschen, um anschließend per Brief verbindliche Erklärungen abzugeben. Vielmehr werden die Kommunikations-Partner das Übermittelte am Bidschirm ansehen und abspeichern und allenfalls einen Kontrollausdruck über einen angeschlossenen Drucker fertigen.

Es stellt sich nun die Frage, ob diese abgespeicherten über ein Telekommunikationsnetz abgegebenen Gedankenerklärungen den Urkundsbegriff der ZPO erfüllen, respektive, ob ein (beiläufig) gefertigter Computerausdruck dies tut. Hierzu muß die Sonderrolle verdeutlicht werden, die Urkunden im gerichtlichen Beweisverfahren zukommt.

Nicht die Gedankenverkörperung als solche spielt dabei die tragende Rolle. Entscheidend ist vielmehr die Formalisierung des Urkundsbeweises, die die freie richterliche Beweiswürdigung einschränkt, weil sie einen gegenüber anderen Beweismitteln erhöhten (formellen) Beweiswert der Urkunden begründet. Diese Formalisierung ist aber nach ganz herrschender Meinung an die Schriftlichkeit der Gedankenerklärung gebunden. Daß ein Computerspeicher keine schriftliche Gedankenverkörperung darstellt, ist trivial. Der Inhalt eines Computerspeichers kann anders als ein Schriftstück nicht aus sich selbst heraus und ohne Hilfsmittel sichtbar und verständlich gemacht werden. Es bedarf dazu ergänzender Technik in Form eines Terminals oder eines Ausdrucks. Diese Darstellungsformen sind aber letztlich technische Reproduktionen des gespeicherten Originals, die dessen Inhalt sichtbar machen. Sie bilden damit nicht die ursprüngliche Gedankenerklärung, sondern geben lediglich Auskunft darüber, daß der Computerspeicher eine Gedankenerklärung enthält. Ist der Ausdruck dabei wenigstens noch schriftlich fixiert, so fehlt der Wiedergabe am Bildschirm überdies noch die Eigenschaft der "Verkörperung". Beide Darstellungsarten (Bildschirminhalt, Ausdruck) können damit, ebenso wie der Speicher selbst, nur Gegenstand eines Augenscheinsbeweises sein, da als Augenscheinsobjekte alle sinnlich wahrnehmbaren Umstände tauglich sind. Den Formalanforderungen eines Urkundsbeweises im Zivilprozeß genügen sie indes nicht.

Für das Gebiet des Strafprozeßrechts ergibt sich jedoch ein anderes Resultat. Der Wortlaut des § 249 Abs. 1 Satz 1 Strafprozeßordnung (=StPO) läßt zunächst vermuten, daß sich "Urkunden" von "anderen Schriftstücken" deutlich unterscheiden. Tatsächlich besteht ein Unterschied zwischen beiden Begriffen jedoch nicht, weil in beiden Fällen

Schriftstücke angesprochen sind, die verlesen werden und dabei über einen zutage tretenden Gedankeninhalt Beweis erbringen können; bei der Verlesung müssen also die Schriftzeichen unmittelbar in sinnvolle Wörter umgesetzt werden können, die ohne weiteres verstehbar sind. Texte, die in Geheim- oder Kurzschrift abgefaßt wurden, sind hingegen nicht zum Urkundsbeweis geeignet, weil in der Regel über ihren Inhalt nur ein Sachverständiger Auskunft geben kann. Damit wird die - gegenüber der ZPO abweichende - Funktion eines Urkundsbeweises nach der StPO hinreichend deutlich: Was vorgelesen und vom Richter ohne weiteres verstanden werden kann, ist als Urkundsbeweis geeignet, ganz gleich, welche konkrete Gestalt es hat.

Für den Strafprozeß würde daher wohl ein Computerausdruck einer Äußerung eines Telekommunikations-Teilnehmers, die im Speicher eines Rechners festgehalten ist, als Urkundsbeweis ausreichen, sofern es sich dabei um einen Ausdruck in Klarschrift handelt. Zu beachten ist dabei allerdings, daß über den Wert dieses Beweises noch nichts ausgesagt ist, da im Strafprozeß der Urkundsbeweis in gleicher Weise der Würdigung durch das Gericht unterliegt wie alle anderen Beweismittel, der Urkundsbeweis also auch - anders als nach der ZPO - keine privilegierte Stellung einnimmt.

Dies erklärt, warum "elektronische Dokumente" im Strafprozeß durchaus zum Urkundsbeweis geeignet sein können, im Zivilprozeß aber nur zum Augenscheinsbeweis.

3.3 Haftung

In einem System elektronischer Kommunikation, das mit elektronischen Unterschriftsverfahren gesichert ist, sind haftungsrechtlich relevante Konstellationen und Fallgestaltungen in vielfältiger Weise denkbar. Im Rahmen des hier Möglichen sei auf vier Untergruppen des Haftungsproblems kurz hingewiesen.

(1) Im Verhältnis der Kommunikationspartner untereinander gelten keine Besonderheiten gegenüber einem Kommunikationsverhältnis in nichtelektronischer Form. Jede Partei hat für die von ihr abgegebenen Erklärungen einzustehen und wird nur in den vom Gesetz näher geregelten Fällen (etwa bei der Anfechtung von Willenserklärungen) von dieser Wirkung wieder frei. Nutzt einer oder nutzen beide Kommunikationspartner technische oder andere Medien zur Übermittlung der Erklärungen, so müssen sie sich diesbezügliche Störungen als eigene zurechnen lassen und notfalls dafür einstehen. Das Recht stellt dafür ein geeignetes und ausreichendes Instrumentarium zur Verfügung, dessen Anwendung auf moderne Kommunikationsmedien sicherlich im Einzelfall der interpretativen Anpassung bedarf, im übrigen aber wohl kaum ergänzungsbedürftig ist.

(2) Ähnlich unproblematisch, wenngleich für die Kommunikationsteilnehmer im konkreten Fall unbefriedigend, stellt sich auch das Haftungsverhältnis zwischen jenen und dem Betreiber des Kommunikationsnetzes dar. Durch Störungen oder Zusammenbrüche können Kommunikationsvorgänge beeinträchtigt, verstümmelt oder ganz unterbunden werden mit der Folge, daß dadurch bei den Teilnehmern

Informationen verfälscht oder auch gar nicht ankommen. Daraus können wiederum Folgen beliebiger Art resultieren, die sowohl negative Auswirkungen auf das Vermögen eines Kommunikationspartners als auch auf dessen absolut geschützte Rechtsgüter (Leben, Gesundheit, Eigentum etc.) zeitigen. In der Bundesrepublik Deutschland ist die daraus möglicherweise erwachsende Haftung des Betreibers des Kommunikationsnetzes unerfreulich klar: Nach § 382 der Telekommunikationsordnung vom 5.11.1986 haftet er nämlich praktisch nicht. Ob diese - in vielen Fällen unbefriedigende - Situation auf Dauer und insbesondere bei einer Privatisierung des Telekommunikationswesens in Zukunft rechtlichen Bestand haben wird (in einigen Ländern der EG gibt es dazu schon hoffnungsvolle Ansätze in der obergerichtlichen Rechtsprechung), darf bezweifelt werden. Derzeit müssen wir uns damit wohl noch abfinden.

(3) Denkbar ist ferner auch ein Haftungsverhältnis zwischen einem durch fehlerhafte Kommunikation geschädigten Nutzer und der schlüsselvergebenden und/oder beglaubigenden Stelle (CA). Seinen Ausgangspunkt kann es in einem fehlerhaft (etwa doppelt) vergebenen persönlichen Schlüssel haben oder es wird eine Beglaubigung mit dem Schlüssel einer höheren Zertifizierungsinstanz vorgenommen, der seinerseits fehlerhaft ist. Wiewohl materiellrechtlich in diesen Fällen kein Zweifel an einer Haftung bestehen dürfte, wird es dem Nutzer elektronischer Unterschriftsverfahren in der Regel kaum möglich sein, schlüssig einen Fehler der Vergabe- und/oder Beglaubigungsinstanz vorzutragen und zu beweisen. Die Konsequenz daraus kann nur sein, daß Organisationsstruktur und Arbeitsweise der Vergabe-Instanzen die Gewähr bieten müssen, daß Fehler der erwähnten Art schlichtweg unmöglich gemacht werden. Weiterhin ist diesen Stellen (am besten durch Gesetz) eine obligatorische Haftung wie etwa die eines Notars

(siehe oben Abschnitt 2.3) aufzuerlegen und eventuell durch eine Haftpflichtversicherung oder ähnliches sicherzustellen. Schließlich ist für dennoch auftretende Fehlfunktionen und daraus resultierende Schäden an eine obligatorische Beweislastumkehr zugunsten des Nutzers zu denken, die ihm die Durchsetzung seiner Rechte erleichtert.

(4) Vergleichbares wird im Ergebnis wohl auch für die Hersteller und Anbieter von Techniken und Verfahren gelten, die zur Kommunikationssicherung eingesetzt werden sollen. Natürlich können sich die Haftungssituationen insofern unterscheiden, als der Geschädigte beispielsweise mit dem Verkäufer derartiger Instrumente einen Vertrag abgeschlossen hat und daraus - je nach dem einschlägigen Vertragstyp (gerade bei Software besteht insoweit durchaus noch keine Klarheit) - entsprechende Ansprüche herleiten. Gegenüber dem Entwickler und Hersteller von Sicherungsverfahren und -techniken wird das eher der Ausnahmefall sein.

Hier kann allerdings ein Haftungsanspruch möglicherweise auf die von der Rechtsprechung entwickelte Produzentenhaftung oder das zum 1. Januar 1990 in Kraft getretene Produkthaftungsgesetz vom 15.12.1989 gestützt werden.

Insbesondere bei Ansprüchen aus dem zuletzt genannten Rechtsgrund wäre aber zunächst abzuklären, ob die zur Kommunikationssicherung eingesetzte Hard- und Software überhaupt den "Produkt"-Begriff dieses Gesetzes erfüllen (was bei Software und Daten durchaus fraglich ist) und Schäden an Rechtsgütern geltend gemacht werden, deren Ersatz überhaupt unter den Schutzbereich der genannten Haftungsgrundlagen fällt.

In jedem Fall sollten aber bei der Herstellung und Vermarktung von Sicherungssystemen folgende drei Grundsätze besonders sorgfältig beachtet werden:

Zunächst einmal ist bereits bei der Entwicklung und später auch bei der Produktion der einzelnen Komponenten sicherzustellen, daß die an das Sicherungssystem gestellten Funktionalitätsanforderungen (siehe dazu ausführlich unten Abschnitt 4.1) auch tatsächlich erfüllt werden. An dieser Schnittstelle zwischen rechtlichen Anforderungen an eine elektronische Unterschrift und an ein beweiskräftiges elektronisches Dokument und dem technisch und wirtschaftlich Machbaren ist eine enge Kooperation von EDV-Spezialisten und Juristen eine unabdingbare Voraussetzung.

Ferner ist wie immer im Bereich der Entwicklung und Produktion hochtechnologischer Produkte auch für den hier interessierenden Bereich besonderes Augenmerk auf eine sorgfältige Dokumentation aller Entwicklungs- und Produktionsschritte zu legen. Obwohl dies bereits im wohlverstandenen Interesse eines jeden Unternehmers zu betriebsinternen Zwecken geschehen und eigentlich eine Selbstverständlichkeit sein sollte, sind diesbezüglich gerade in der Software-Branche immer wieder "haarsträubende" Zustände anzutreffen. Will man als Hersteller in einem Produkthaftungsprozeß aber auch nur die Chance eines positiven Ausgangs haben, so ist eine umfangreiche, nachvollziehbare und sorgfältige Dokumentation der Entwicklung des Produkts, seiner Produktion und seiner Funktion eine conditio sine qua non.

Und schließlich sei noch auf einen dritten Punkt hingewiesen, der eventuell auf das Mißfallen der Marketing-Abteilung der mit dem Vertrieb von Sicherheitssystemen befaßten Unternehmen stoßen wird. Allzu "vollmundige" Aussagen über das Produkt und seine Funktionalitäten sollten tunlichst vermieden werden. Es sollte klar gesagt werden, was das System leistet, nicht mehr und nicht weniger. "Blumige" Ankündigungen und Aussagen, die beim Nutzer der Sicherungssysteme zu falschen oder zu hohen Erwartungen über die Leistungsfähigkeit führen können, sind auf jeden Fall zu vermeiden. Produktaussagen in Pflichtenheften, Leistungsbeschreibungen, Allgemeinen Geschäftsbedingungen und Werbe-Unterlagen sollten auf diese Gesichtspunkte von einem technischen und einem juristischen Experten vor ihrer Verwendung sorgfältig geprüft werden (vergl. dazu sowie zu dem Dokumentationsaspekt den sehr instruktiven Aufsatz von E.Frese/ A.v.Werder/U.Klinkenberg, Produkthaftungs-Management deutscher Großunternehmen nach altem und neuem Recht, in: Der Betrieb 1988, S. 2369 ff.).

3.4 Datenschutz

Wenn die eingesetzten Kryptierungsverfahren eine absolute - technische - Datensicherheit bezüglich der Übertragungsvorgänge im Kommunikationsnetz gewährleisten, ergeben sich datenschutzrechtlich relevante Zusammenhänge letztlich nur noch im Hinblick auf die Funktion derjenigen Stelle, die für die Vergabe und Verwaltung der Schlüssel und Algorithmen zuständig ist. Zum einen wird diese Stelle den Namen, die Anschrift und gegebenenfalls weitere Merkmale eines jeden Teilnehmers, also personenbezogene Daten, speichern. Zum anderen obliegt ihr eine Auskunftsfunktion, innerhalb derer zumindest ein Teil dieser gespeicherten Daten an Dritte weitergegeben werden soll. Sowohl die Speicherung als auch die Übermittlung personenbezogener Daten an Dritte sind datenschutzrechtlich relevante Vorgänge, die vom Bundesdatenschutzgesetz (=BDSG; § 1 Abs. 2 BDSG) und von den Länderdatenschutzgesetzen erfaßt werden. Es ergeben sich dabei keine hier diskussionswürdigen besonderen Probleme.

Wurden Daten auf einem Datenträger erfaßt, aufgenommen oder aufbewahrt zu dem Zweck, sie weiter zu verwenden, so fällt dieser Vorgang unter den Begriff der Speicherung (§ 2 Abs. 2 Ziffer 1 BDSG). Von Übermittlung spricht man, wenn gespeicherte oder durch die Datenverarbeitung unmittelbar gewonnene Daten durch die speichernde Stelle an Dritte weitergegeben oder zur Einsichtnahme bereitgehalten werden (§ 2 Abs. 2 Ziffer 2 BDSG). Sowohl die Speicherung als auch die Übermittlung personenbezogener Daten sind grundsätzlich nur zulässig, wenn der Betroffene eingewilligt hat oder das BDSG oder eine andere Rechtsvorschrift insoweit einen Erlaubnistatbestand enthält. Zu unterscheiden ist dabei die Verarbeitung personenbezogener Daten durch öffentliche Stellen oder private Stellen.

(1) Die Zulässigkeit der Speicherung der Teilnehmerdaten

Handelt es sich bei der Stelle um ein öffentlichrechtliches Unternehmen, das zudem nicht am Wettbewerb teilnimmt - dies wäre bei einem öffentlichen Monopolanbieter der Fall -, so ist für eine Speicherung personenbezogener Daten die Regelung des § 9 BDSG einschlägig. Hiernach ist das Speichern personenbezogener Daten zulässig, "wenn es zur rechtmäßigen Erfüllung der in der Zuständigkeit der speichernden Stelle liegenden Aufgaben erforderlich ist" (§ 9 Abs. 1 BDSG). Diese Erforderlichkeit läge beispielsweise vor, wenn ein Teilnehmer behauptete, es seien identische Schlüssel mehrfach vergeben worden oder wenn die Schlüsselinhaberschaft zeitlich limitiert wäre und jeweils nur gegen Entrichtung einer Gebühr verlängert würde.

Im ersten Fall müßte ein kontrollierender Abgleich zur Überprüfung des Vorwurfs der Doppelvergabe möglich sein; im zweiten Fall bildeten Abrechnungszwecke die Legitimation für die Speicherung.

Für private Stellen - und öffentlichrechtliche, die sich am Wettbewerb beteiligen (§ 22 Abs. 1 BDSG) - bestimmt sich die Zulässigkeit der Speicherung personenbezogener Daten nach § 23 BDSG. Die Speicherung muß danach entweder zur Wahrung berechtigter Interessen der Stelle selbst erforderlich sein (wobei kein Grund zur Annahme bestehen darf, daß hierdurch schutzwürdige Belange des Betroffenen beeinträchtigt werden), oder aber die Speicherung muß sich "im Rahmen der Zweckbestimmung eines Vertragsverhältnisses oder vertragsähnlichen Vertrauensverhältnisses mit dem Betroffenen" (§ 23 Satz 1 BDSG) halten. Beide Varianten dürften hier erfüllt sein: Bezüglich der Erforderlichkeit der Speicherung sei auf die oben genannten Beispiele verwiesen; im übrigen aber ist davon auszugehen, daß zwischen dem Betreiber des Kommunikationsnetzes und der Schlüsselvergabe- und -verwaltungsstelle sowie den Teilnehmern ein Vertrag oder vertragsähnliches Verhältnis bestehen wird. Auch in diesem Fall bewegen sich Abrechnungs- und Überprüfungszwecke der Speicherung durchaus im Rahmen der jeweiligen Zweckbestimmung.

(2) Die Zulässigkeit der Übermittlung der Teilnehmerdaten

Erfolgt die Datenübermittlung innerhalb des öffentlichen Bereichs, d.h. an Behörden oder andere öffentliche Stellen, so ist sie zulässig, "wenn sie zur rechtmäßigen Erfüllung der in der Zuständigkeit der übermittelnden Stelle oder des Empfängers liegenden Aufgaben erforderlich ist" (§ 10 Abs. 1 Satz 1 BDSG). Wird an Stellen übermittelt, die außerhalb des öffentlichen Bereichs liegen, so muß dies entweder zur Erfüllung der Aufgaben der übermittelnden Stelle erforderlich sein oder aber der Empfänger muß ein berechtigtes Interesse glaubhaft machen, wobei die schutzwürdigen Belange des Betroffenen aber nicht beeinträchtigt werden dürfen. Während also vor der Übermittlung an öffentliche Stellen nur die Erforderlichkeit dieser Maßnahme von der übermittelnden Stelle zu prüfen ist, muß bei der Übermittlung an andere Stellen eine regelrechte Abwägung der Interessen des Empfängers mit den Belangen des Betroffenen vorgenommen werden. Die Ergebnisse sind hierbei naturgemäß einzelfallabhängig, weswegen hier auf das Anführen von Beispielen verzichtet wird.

Geht es um die Übermittlung personenbezogener Daten durch private Stellen, so richtet sich die Zulässigkeit nach § 24 BDSG. Auch diese Vorschrift enthält in Abs. 1 zunächst die Variante der Übermittlung im Rahmen der Zweckbestimmung eines vertraglichen oder vertragsähnlichen Verhältnisses mit dem Betroffenen. Darüberhinaus nennt auch § 24 Abs. 1 BDSG den Fall der erforderlichen Übermittlung zur Wahrung des berechtigten Interesses der Stelle selbst oder eines Dritten, wobei eine Abwägung dieses Interesses gegenüber den schutzwürdigen Belangen des Betroffenen vorzunehmen ist. Weiterhin läßt § 24 Abs. 2 BDSG aber auch "die Übermittlung listenmäßig oder sonst zusammengefaßter Daten über Angehörige einer Personengruppe" zu. Die Übermittlung muß sich aber auf Namen, Titel, akademische Grade, Geburtsdaten, Beruf, Branchen- oder Geschäftsbezeichnung, Anschrift und Rufnummer beschränken (§ 24 Abs. 2 Satz 1 Ziffern 1-6 BDSG). Auch dann darf jedoch kein Grund zur Annahme der Beeinträchtigung der Belange des Betroffenen bestehen.

Allerdings ist zu beachten, daß diese Sonderregelung für die Übermittlung von Angaben zu einer Einzelperson nicht gilt, ganz gleich, um welche Daten es sich dabei handelt; eine solche Übermittlung richtet sich nach § 24 Abs. 1 BDSG (siehe oben).

Da jedoch der Schlüsselvergabe und der Verwaltung der erforderlichen Daten ein Vertragsabschluß zwischen ausgebender Stelle und Teilnehmer vorausgehen dürfte, wären alle eventuellen Schwierigkeiten hinsichtlich der Zulässigkeitsprüfung der (Speicherung und) Übermittlung am einfachsten zu vermeiden, wenn in diesem Vertrag der Teilnehmer als Betroffener in die Verarbeitung seiner personenbezogenen Daten einwilligte - dann nämlich wäre eine Verarbeitung in jedem Falle zulässig (§ 3 Satz 1 Ziffer 2 BDSG). Diese Einwilligung erfolgt in der Regel schriftlich; sofern sie zusammen mit anderen Erklärungen erfolgt, bedarf es eines besonderen schriftlichen Hinweises an den Betroffenen (§ 3 Satz 2 BDSG).

3.5 Verwendungspflicht für elektronische Unterschriften?

Elektronische Unterschriften auf der Grundlage von Verschlüsselungsverfahren erhöhen ohne Zweifel die Sicherheit der Kommunikation gerade in offenen Netzen. Damit im Zusammenhang zu sehen ist eine in letzter Zeit von den Beteiligten immer wieder gestellte Frage: Besteht für die Kommunikationsteilnehmer, für die Hersteller und Vertreiber von Sicherungstechniken, für die Betreiber von Kommunikationsnetzen oder für die Anbieter darüber abgewickelter Dienste eine rechtliche Pflicht, derartige Sicherungsverfahren auch praktisch anzuwenden bzw. einzusetzen?

Soweit ersichtlich, existieren entsprechende Rechtsvorschriften, die etwas derartiges unmittelbar vorschreiben, bisher (noch) nicht. Denkbar wäre es allerdings, für bestimmte Telekommunikationsdienste, denen eine besondere Sicherheit zukommen soll, die Verwendung solcher Verfahren zu fordern (etwa in der TKO für ein besonders gesichertes "elektronisches Einschreiben"). Auch eine mittelbar aus existierenden Rechtsvorschriften herzuleitende Einsatzpflicht für elektronische Unterschriften (etwa aus § 6 BDSG in Verbindung mit der dazugehörigen Anlage zum Schutze personenbezogener Daten durch technische und organisatorische Maßnahmen) kann derzeit noch nicht festgestellt werden. Allerdings ist es durchaus denkbar, daß sich in absehbarer Zeit über die "Einfallstore" dynamischer Verweise in Gesetzen auf technische Erkenntnisse und Gelegenheiten (wie etwa im Falle des § 6 BDSG) solche Rechtspflichten ergeben können. Wann dies letztlich der Fall sein wird, hängt von der Akzeptanz solcher Verfahren in den beteiligten Geschäfts- und Rechtskreisen ab.

Eine Vorstufe zu der eben skizzierten Entwicklung ist erreicht, wenn die hier interessierenden elektronischen Unterschriftsverfahren und -techniken zu technischen Standards und allseits anerkannten technischen Normen geführt haben. Der Verweis auf solche Normen (etwa des DIN, der ISO, des CCITT oder auch nur der einschlägigen Fachverbände), die in den betroffenen Fachkreisen allgemeine Anerkennung gefunden haben, führt dann in der Regel dazu, daß deren rechtliche Berücksichtigung, aber auch und gerade die Pflicht zu deren Beachtung nicht lange auf sich warten lassen. Häufig verweist auch der Gesetzgeber auf solche technischen Normen (etwa im Bereich des Umweltschutzes; siehe dort etwa den Verweis in § 5

Abs. 1 Nr. 2 BImSchG, wo ausdrücklich auf den "Stand der Technik" abgehoben wird; gleiches gilt für das Bauwesen und für andere technisch orientierte Regelungsbereiche), denen dann eine gewisse rechtliche Verbindlichkeit zukommt.

Auf einer mehr individuellen Ebene zwischen dem Anwender von Sicherungsverfahren bzw. Nutzer von Telekommunikationseinrichtungen und dem jeweiligen Anbieter kann sich aber ebenfalls eine rechtliche Pflicht zur Verwendung solcher Sicherungsmechanismen ergeben. Diese kann natürlich stets auf einer individuellen Vereinbarung beruhen, in dem sich etwa der Anbieter eines Telekommunikationsdienstes gegenüber seinen Kunden ausdrücklich verpflichtet, ein bestimmtes Verfahren zur Sicherung (etwa mit einem Schlüssel genau festgelegter Länge oder einem bestimmten Algorithmus) einzusetzen. Tut er dies nicht, können die Nutzer den Vertrag aufkündigen oder den Anbieter auf dem Rechtsweg zwingen, seine Zusage bzw. Zusicherung einzuhalten. Für die Bejahung einer solchen Rechtspflicht des Anbieters (auch von technischen Komponenten, die zur Sicherung eingesetzt werden sollen, wie etwa ein dafür ausgerüstetes Telefax-Gerät oder eine Chip-Karte) kann es also durchaus auch ausreichen, wenn er entsprechende "Anpreisungen" seiner Produkte und Dienste in Werbematerialien oder Produktbeschreibungen vornimmt. Daran muß er sich dann auch halten, wenn er sich nicht Schadenersatzansprüchen wegen Nichterfüllung ausgesetzt sehen will. Derartige Aussagen über die Sicherheit von Produkten und Telekommunikationsdiensten sollten daher eher zurückhaltend formuliert und vor ihrer Herausgabe rechtlich überprüft werden (vergl. dazu schon oben Abschnitt 3.3 zum Aspekt der Produkthaftung).

Über die vorgenannten Gründe hinaus sind derzeit keine rechtlichen Aspekte festzustellen, die zu einer Verpflichtung zum Einsatz elektronischer Unterschriftsverfahren führen könnten. Hier kann ein zusätzlicher Druck zu ihrer Verwendung nur durch den "Markt" ausgeübt werden, der im übrigen ungesicherten Telekommunikationsdiensten bei entsprechend niedrigem Preis sicher ebenso eine Chance lassen wird wie mit aufwendigen Unterschrifts- und Verschlüsselungsverfahren versehenen praktisch "nicht knackbaren" Diensten. Insofern sei der Vergleich zum Automobilmarkt erlaubt. Dort ist zwar das Vorhandensein einer Bremse bei jedem Fahrzeug rechtlich vorgeschrieben. Ob darüber hinaus in einem Kraftwagen zusätzliche weitere Sicherheitseinrichtungen wie ABS, EDS, zwei- und mehrkreisige Bremssysteme und ähnliches eingesetzt werden, bleibt im Grunde jedem Hersteller überlassen. Auch im Bereich der Telekommunikation wird die "Ente" ihre Marktnische ebenso finden wie der Rolls Royce.

3.6 Exkurs: Elektronische Unterschrift als Softwareschutz

Nur kurz in einem Exkurs hingewiesen sei auf die Möglichkeit, elektronische Unterschriften nicht nur zur Sicherung von Kommunikationsvorgängen über Netze sondern auch als Mittel zur Realisierung eines effektiven Schutzes für Software-Produkte einzusetzen. Insoweit geht es also nicht um eine rechtliche Anforderung oder Implikation des bzw. an das Sicherungssystems. Vielmehr ist das Unterschriftsverfahren als Instrument zum Software-Schutz, der durch das geltende Recht gerade nicht ausreichend gewährleistet wird, zu sehen. Denn spätestens seit der "Inkassoprogramm-Entscheidung" des Bundesgerichtshofs vom 9. Mai 1985 (in: Computer und Recht 1985, S. 22 ff.) zum Urheberschutz von Computer-Software ist klar geworden, daß der gegenüber jedermann geltende urheberrechtliche Schutz nach den einschlägigen Vorschriften des Urheberrechtsgesetzes vom 9.9.1965 nur den wenigsten Computer-Programmen zukommt. Für den Hersteller und Vertreiber dieser Produkte bleibt danach nur die Möglichkeit, mit den jeweiligen Abnehmern detaillierte vertragliche Vereinbarungen über die Programmverwendung (Lizenzabreden) zu treffen. Dritten gegenüber wirken diese aber nicht, so daß der Hersteller/Vertreiber diesen gegenüber (bis auf einen engen durch das Wettbewerbsrecht abgedeckten Bereich) gewissermaßen "rechtlich schutzlos" dasteht. Wäre es nun möglich, Softwareprodukte durch eine elektronische Unterschrift zu verschlüsseln, die nur durch einen ganz bestimmten Erwerber des Programmpakets mit dessen persönlichem Schlüssel wieder entschlüsselt werden kann, könnte über dieses technische Vehikel der über das Recht nicht gegebene Schutz dennoch realisiert werden. Vertraglichen Vereinbarungen (etwa in Lizenzverträgen) über die zulässige Nutzung eines Software-Produkts durch den Erwerber würde auf diese Weise eine im tatsächlichen Sinne "absolute" Wirkung beigelegt. Die mit dem elektronischen Unterschreiben von Software verbundenen Probleme ("Vergrößerung" des Programms, Verlangsamung der Abarbeitungsgeschwindigkeit, Erschwerung der Wartung und Pflege etc.) erscheinen demgegenüber lösbar.

3.7 Weitere Einzelfragen

Abschließend sei noch kurz auf einige weitere rechtliche Einzelfragen hingewiesen, die sich aus dem Einsatz elektronischer Unterschriften zur Sicherung der Telekommunikation ergeben können.

Dabei sei zunächst der Bereich des Strafrechts erwähnt, wobei Berührungspunkte mit dieser Materie in zweierlei Hinsicht möglich sind. Zum einen können sich strafrechtlich relevante Handlungen gegen das Sicherungssystem selbst und gegen die dafür speziell eingerichteten Institutionen (etwa das Directory oder die Certification Authority) richten. Zum anderen sind Straftaten denkbar, die unter Ausnutzung der Besonderheiten des Sicherungsverfahrens und der elektronischen Unterschrift vorgenommen werden. Zu letzteren gehört etwa die technische "Ausspähung" der für die Unterschrift verwendeten Schlüssel oder das Einwirken auf den Nutzer des Systems durch Zwang oder ähnliches, um ihn zu einem bestimmten Verfahren (etwa der Abgabe einer elektronischen Erklärung mit seiner Unterschrift) zu veranlassen. Insoweit ergeben sich aus der Sicht des Strafrechts keine Besonderheiten. Bei einem Angriff gegen das Sicherungsverfahren selbst und die dafür geschaffenen Institutionen (etwa Eindringen in die Schlüsseldatei o.ä.) wäre im einzelnen zu prüfen, ob die dafür bereits vorhandenen Straftatbestände (insbesondere des sogenannten Computer-Strafrechts) ausreichen, um solche Aktionen hinreichend mit Sanktionen zu belegen.

Da die Abgabe und Übermittlung elektronischer Erklärungen und Dokumente über Telekommunikationseinrichtungen erfolgt, wäre ferner zu überprüfen, inwieweit die diesbezüglichen Rechtsvorschriften (etwa die schon erwähnte Telekommunikationsordnung oder das Gesetz zu Artikel 10 Grundgesetz) angepaßt werden müssen. So wäre etwa einerseits daran zu denken, elektronische Unterschriftsverfahren im Zusammenhang mit besonders sicheren Telekommunikationsdiensten in der TKO zu regeln (etwa das "elektronische Einschreiben"). Andererseits ist im Rahmen des Gesetzes zu Artikel 10 Grundgesetz konkret festzulegen, in welchen Fällen beispielsweise die schlüsselgebende und -führende Stelle verpflichtet ist, diese gegenüber staatlichen Verfolgungsorganen offenzulegen.

Bei der Abwicklung von Rechtsgeschäften mittels elektronisch unterschriebener Dokumente über Telekommunikationsnetze können sich ferner verschiedene vertragsrechtliche Probleme ergeben, etwa im Hinblick auf den Zugang elektronischer Erklärungen, deren Widerruf und Anfechtung und anderes mehr. Insofern bestehen aber wohl keine prinzipiellen Besonderheiten, die über das hinausgehen, was etwa beim Einsatz von Bildschirmtext beim Vertragsschluß an Problemen festzustellen ist. Nach Ansicht der Autoren können diese durch eine Anwendung und gegebenenfalls vorsichtige Neukonkretisierung der einschlägigen vorhandenen vertragsrechtlichen Vorschriften befriedigend gelöst werden.

Abschließend sei noch ein Blick auf das Wettbewerbsrecht im weiteren Sinne erlaubt. Hier könnte es durchaus möglich sein, daß sich in der Natur des elektronischen Unterschriftsverfahrens begründete Entwicklungen ergeben, die Berührungspunkte zu dieser Rechtsmaterie aufweisen. Denkbar wäre dies beispielsweise im Hinblick auf das verwendete Verschlüsselungsverfahren und den dafür eingesetzten Algorithmus. Da beides einheitlich den für die Sicherung notwendigen Produkten (Endgeräte, Chip-Karten etc.) zugrundegelegt werden muß, um die notwendige Kompatibilität zu gewährleisten, dürfte der Markt der Anbieter entsprechender Komponenten zum einen ein realtiv kleiner und geschlossener sein, der zum anderen notwendigerweise auch eine enge Absprache und Kooperation der einzelnen Anbieter voraussetzt. Dies birgt wiederum die Tendenz zur Herausbildung von Preis- und Konditionenkartellen sowie das Entstehen von Oligopolen oder gar Monopolen auf der Anbieterseite in sich. Diese sollten daher sorgfältig darauf achten, daß keine Konstellationen entstehen, die eine rechtlich unzulässige Kartellbildung oder einen sonst unzulässigen Eingriff in rechtlich geschützte Marktmechanismen darstellen.

Damit soll diese Übersicht ihr Bewenden haben, obwohl sich im Einzelfall mit Sicherheit noch weitere Detailprobleme aus bisher noch gar nicht erwähnten Rechtsbereichen ergeben werden.

4 Praktische Hinweise

Die Einführung neuer Systeme zum Einsatz in Rechtsbeziehungen privater und geschäftlicher Art, die zuvor auf andere Weise abgewickelt wurden, wird stets nur dann gelingen, wenn mit einer umfassenden Akzeptanz der betroffenen Personenkreise gerechnet werden darf. In Bereichen, in denen es bereits bisher auf eine aussagekräftige Unterschrift ankam, vornehmlich also im Vertrags- und Zahlungsbereich, wird dies vor allem dann der Fall sein, wenn das neue System ebenso verläßlich erscheint wie bisherige Arbeitsweisen und mit der Einführung des neuen Verfahrens darüberhinaus gewisse Funktionen verbunden sind, die das bisherige Verfahren nicht bieten kann - kurz, wenn es Vorteile aufweist, die seine eventuell vorhandenen Nachteile (und sei es nur die Tatsache, daß man sich mit Neuerungen erst vertraut machen muß) jedenfalls überwiegen. Im folgenden sei daher die Betonung einiger notwendiger Punkte erlaubt, die dem Leser mitunter trivial anmuten mögen, deren Beachtung bei Einführung der elektronischen Unterschrift aber nach Auffassung der Verfasser nicht übersehen werden sollte.

4.1 Funktionalitätsanforderungen und Herstellungsstandards

Im Vordergrund steht daher die Forderung nach der Leistungsfähigkeit des Systems. Bezogen auf die angesprochenen Funktionen der "klassischen" Unterschrift heißt dies hier, die Anforderungen an die Datensicherheit bei Verwendung der elektronischen Unterschrift in der Telekommunikation nochmals herauszustellen.

(1) Die gegenseitige Identifikation der Kommunikationspartner muß möglich sein; dies ist zur "Eröffnung" des Tele-Dialogs über nicht ganz unwesentliche Dinge unerläßlich.

(2) Die Authentikation der übermittelten Daten muß möglich sein, weil sonst der Kommunikationspartner nicht feststellen kann, ob die übermittelten Daten unverfälscht sind und auch von seinem Dialogpartner stammen.

(3) Die Übermittlung muß von Einwirkungen Dritter freigehalten werden. Mithören etwa ist zu verhindern.

Nun werden die unter (2) und (3) genannten Anforderungen - soweit nach Aussagen von technischen Spezialisten ersichtlich - bei Einsatz des Chipkarten-Verfahrens in der Telekommunikation ohne weiteres technisch zu leisten sein, weil dieses Verfahren mittels kryptographischer Sicherheitsprozeduren unbeabsichtigte Verfälschungen oder Eingriffe Dritter faktisch ausschließt. Die neu einzuführenden Sicherungssysteme werden bisherigen Verfahren insoweit deutlich überlegen sein. Besonderes Augenmerk muß aber auf die unter (1) genannte Anforderung gerichtet werden. Noch bevor nämlich einer der Kommunikationspartner mit einem anderen in Kontakt tritt (in dieser Phase setzt zur wechselseitigen Identifikation das kryptographische Sicherungsverfahren ein), muß er sein "Schlüsselinstrument" Chipkarte aktivieren, sich also erst einmal bei diesem "identifizieren".

Natürlich ist es in diesem Zusammenhang sicher verlockend, für diesen ersten Identifikationsschritt an den Einsatz biometrischer Verfahren zu denken, also etwa per Daumenabdruck oder Abtastung des Augenhintergrunds festzustellen, ob derjenige, der die Karte aktivieren will, hierzu auch berechtigt ist. Dies hätte den großen Vorteil der "Unverlierbarkeit" des persönlichen Identifikationsnachweises, der zudem den von Technikern beklagten Umstand, daß der Mensch kein elektronisch abfragbares Interface besitzt, etwas abfangen würde.

Im einzelnen soll hier nicht auf derartige Verfahren eingegangen werden; soviel sei aber wenigstens angemerkt: Es wird wohl besser sein, ein Sicherungssystem wie die elektronische Unterschrift zunächst ohne solches biometrische Beiwerk im Markt einzuführen. Denn zum einen wird sich der Nutzer fragen, was von dem System zu halten ist, wenn es derart komplizierter technischer Hilfsmittel bedarf, zum anderen aber dürfte der sehr hohe Kostenfaktor des Einsatzes biometrischer Verfahren (hierzu erforderliche Abtastgeräte sind zur Zeit noch sehr teuer) die Einführung eines neuen Sicherungssystems in der Telekommunikation nicht gerade erleichtern. Die unter dem Aspekt der Beeinträchtigung der Menschenwürde möglichen Bedenken gegen solche Verfahren seien nur am Rande nochmals erwähnt.

Es wird daher im Augenblick nichts anderes übrigbleiben, als dem jeweiligen Chipkarteninhaber die Verwendung einer persönlichen Geheimnummer als Identifikationsmerkmal an die Hand zu geben. Dies hat sicher den Vorteil, daß die Verwendung solcher "PINs" den potentiellen Nutzern bereits hinreichend vertraut ist (man denke an die Geheimnummer bei Euroscheck-Karten). Als Nachteil wird man aber anzusehen haben, daß die menschliche Fähigkeit, sich Zahlen- und/oder Buchstabenkombinationen merken zu können, teils nur rudimentär ausgeprägt ist. Dem in dem Satz "je länger die PIN, um so sicherer ist sie" zum Ausdruck kommenden Sicherheitsbedürfnis wird daher auf die Masse der Anwender bezogen nur unvollständig nachzukommen sein. Dies sollte allerdings wenigstens zum Teil durch die Möglichkeit abgefangen werden, eine PIN selbst zu wählen, Buchstaben und Zahlen zu kombinieren und die PIN zu ändern; denn nur so kann dem einzelnen Verwender hinsichtlich seiner ganz persönlichen Merkfähigkeit ein wenig Hilfestellung geboten werden.

Hierbei die oft geforderte "Idiotensicherheit" zu gewährleisten, dürfte nicht ganz einfach sein, zumal diese Abstimmung auf erwartetes Individualverhalten einhergehen muß mit einem Höchstmaß an Bedienerfreundlichkeit, ohne die ein erster Anreiz zur Verwendung neuer Systeme niemals zu bewerkstelligen ist.

Für den weiten Bereich des Datenschutzes wird man daran zu denken haben, daß die Schlüsselvergabestelle bei einem Auskunftsersuchen von Betroffenen in der Lage sein muß, diesen nicht nur etwa kryptierte, sondern von den Betroffenen ohne Einsatz weiterer Hilfsmittel lesbare Auskünfte zu erteilen. Gegenüber Kontrollinstanzen (= Aufsichtsbehörden) gilt dies in ähnlicher Weise: Auch ihnen gegenüber muß die Möglichkeit zur Offenlegung des Inhalts von Dateien bestehen. Daneben wollen diese Instanzen aber auch die Art und Weise der Verarbeitung der in den Dateien enthaltenen Daten nachvollziehen können - auch hierfür sind technische Vorkehrungen zu treffen.

Ergänzend wäre noch zu bemerken, daß all diese Zielsetzungen durch technische Lösungen natürlich nur so gut realisiert werden können, wie die Fertigungsqualität und die für Anwendung und Wirkungsweise des neuen Systems erstellte begleitende Dokumentation dies zulassen. An beide Elemente müssen wegen der starken Betonung der Zuverlässigkeit kryptographischer Verfahren extrem hohe Standards angelegt werden. Was "state-of-the-art" für diesen Bereich ist, bedarf insoweit einer aktualisierenden Überprüfung. Ausfallquoten, wie sie etwa bei Taschenrechnern in Scheckkartenformat gang und gäbe sind, scheiden daher ebenso als völlig unakzeptabel aus, wie die leider sattsam bekannten und nahezu unlesbaren "Software-Handbücher", die etwa PC-Anwendern nur in Ausnahmefällen Hilfe bieten.

4.2 Risikobegrenzung beim kommerziellen Einsatz

Die insbesondere zu Abschnitt 4.1 (1) geschilderten Probleme können auf die Strategie bei der Vermarktung eines solch neuen Systems nicht ohne Auswirkungen bleiben. Man hüte sich wegen der individuell unterschiedlichen Auffassungsgabe der potentiellen Nutzer deswegen tunlich davor, allzu vollmundig das problemlose Funktionieren des Systems anzupreisen. Selbst bei noch so sorgfältig erstellter Dokumentation des Verfahrens und penibel kontrollierter Fertigungsqualität sind Fehler weder im Umgang mit dem System, noch technisches Versagen völlig auszuschließen. Beim Marketing für das System ist daher unbedingt der Eindruck zu vermeiden, man wolle im Zweifel auch für derartige Funktionsstörungen "geradestehen".

Zur Vermeidung von Wiederholungen sei auf die entsprechenden Ausführungen in Abschnitt 3.3 verwiesen.

4.3 Vertragliche Regelung der Verwendung elektonischer Unterschriftsverfahren

Die bisherigen Erörterungen haben gezeigt, daß der Einsatz elektronischer Unterschriften eine Reihe von rechtlichen Problemen und Fragestellungen aufwirft, die zum Teil gegenwärtig nur unzureichend gelöst bzw. beantwortet werden können. Zum Teil ist - wie mehrfach erwähnt - auch ein Tätigwerden des Gesetzgebers notwendig, um diese Verfahren in die Rechtsordnung einzubetten. Das kann erfahrungsgemäß lange dauern. Um dennoch diese Sicherungssysteme erproben und für bestimmte Interessenten (und davon gibt es eine ganze Reihe, wie sich aus den jüngsten Erfahrungen im Rahmen des TEDIS-Projekts der EG-Kommission entnehmen läßt) schon jetzt einsetzen zu können, bleibt zur vorläufigen Lösung der damit verbundenen Rechtsfragen nur der Weg über eine vertragliche Regelung.

Dies ist für das Verhältnis zwischen den Anbietern entsprechender Sicherungsverfahren und -produkten und deren Anwendern ohnehin eine Selbstverständlichkeit. Aber auch im Verhältnis der Anwender zum Netzbetreiber und Dienstanbieter wäre dies ein praktikabler Lösungsweg. Gleiches gilt auch und gerade für die Beziehungen der Anwender untereinander, die miteinander gesichert kommunizieren wollen.

Es würde zu weit führen, für die genannten Beziehungsgefüge hier ein detailliertes Regelwerk ausbreiten zu wollen. Nur für das Verhältnis der Anwender untereinander sei kurz auf einige Aspekte hingewiesen, die sich an dem Entwurf eines Modellvertrags der American Bar Association aus dem Jahre 1989 (Model Form of Electronic Data Interchange Trading Partner Agreement) orientieren und die oben bereits rechtlich diskutierten Fragen - zumindest ansatzweise - lösen helfen sollen.

So ist es (auch nach dem soeben erwähnten Modellvertrag) sicherlich empfehlenswert, zunächst auf Sinn und Zweck einer solchen Vereinbarung hinzuweisen und die im Vertragstext verwendete Begrifflichkeit zu erläutern. Technische Spezifikationen für die Abfassung, das Unterschreiben und Verschlüsseln, das Übertragen, Entschlüsseln und Bestätigen elektronischer Dokumente können dabei in Anlagen zum Vertragstext konkret vorgenommen werden (die damit auch leichter aktualisiert werden können). Auch eine Regelung der Folgen, die eintreten, wenn elektronische Dokumente verstümmelt beim Empfänger ankommen oder nicht mehr entschlüsselt werden können, sollte in diesem Vertrag ebenso enthalten sein wie eine Klausel über die beiderseitige Verantwortlichkeit und Haftung. Da davon ausgegangen werden muß, daß im Falle eines Rechtsstreits der Kommunikations- und Vertragspartner - zumindest derzeit - ein Gericht nicht über die notwendige technische Sachkunde verfügt, sollte zur Streitbeilegung in jedem Fall ein Schlichtungsverfahren vorgesehen werden. Das Schlichtungsorgan wäre mit sachverständigen Technikern und mit den rechtlichen Fragestellungen vertrauten Juristen zu besetzen. Weitere Detailregelungen sind in einem derartigen Vertrag je nach Verwendungskontext denkbar.

Es kann derzeit noch nicht gesagt werden, ob diese vertragliche Regelung eine hinreichende Lösung aller denkbaren Rechtsfragen im Zusammenhang mit elektronisch unterschriebenen und über Telekommunikationseinrichtungen übermittelten

Dokumenten gewährleisten kann. In jedem Fall dürfte es empfehlenswert sein, für einzelne Anwendungsszenarien der elektronischen Unterschrift spezifische Vertragstexte zu entwickeln. Die Autoren sind jedoch überzeugt, daß auf diesem Wege zumindest für eine Übergangszeit die wichtigsten rechtlichen Reibungspunkte des Einsatzes von Sicherungsverfahren geglättet werden können.

5 Schlußbemerkung

Die in diesem schmalen Band zusammengefaßten Ausführungen mögen einen Problem-Überblick, eine Sensibilisierung und vielleicht auch Lösungsansätze zu rechtlichen Fragestellungen und Rahmenbedingungen gegeben bzw. bewirkt haben, die beim Einsatz elektronischer Unterschriften zur Kommunikationssicherung auftreten und beachtet werden sollten. Die Autoren hoffen aber auch die Notwendigkeit deutlich gemacht zu haben, bei der Konzipierung, Entwicklung, Produktion, Vermarktung und Anwendung solcher Verfahren und Systeme eine möglichst enge Kooperation von EDV-Fachleuten und Juristen zu gewährleisten. Nur wenn die rechtlichen Rahmenbedingungen vorliegen und die juristischen Detailfragen gelöst sind, wird die elektronische Unterschrift, derart eingebettet in ihr rechtliches Umfeld, wirtschaftliche und gesellschaftliche Akzeptanz finden. Im Einzelfall ist es dabei immer wieder erforderlich, den - auch in technischen Fragen mit dem notwendigen Basiswissen versehenen - Juristen hinzuzuziehen. Diese Mühe und auch die dadurch entstehenden Kosten zahlen sich aus; denn ein Produkt, das mangels rechtlicher Akzeptanz keinen Markt findet, ist in jedem Fall der teuerere Weg. Die Autoren haben sich bemüht, dabei auftretende Berührungsängste zwischen Technikern und Juristen abzubauen und beide Seiten ein wenig offener für die Argumente der jeweils anderen zu machen. Es wäre schön, wenn dies gelungen ist.

Literatur

J.Baltzer, Elektronische Datenverarbeitung in der kaufmännischen Buchführung und Prozeßrecht, in: Gedächtnisschrift für Rudolf Bruns, München 1980, S. 73 ff.

E.Frese/A.v.Werder/U.Klinkenberg, Produkthaftungs-Management deutscher Großunternehmen nach altem und neuem Recht, in: Der Betrieb 1988, S. 2369 ff.

H.Köhler, Die Problematik automatisierter Rechtsvorgänge, insbesondere von Willenserklärungen (Teil 2), in: Datenschutz und Datensicherung 1987, S. 7 ff.

Kommission der Europäischen Gemeinschaften, Programm TEDIS 1988-1989 - Tätigkeitsbericht, Dokument KOM (90) 361 endg., Brüssel, den 25. Juli 1990

D.Kruse, Mit Chipkarte und Kryptographie gegen Computerkriminalität, in: Computer und Recht 1987, S. 792 ff.

K.Lenk/J.W.Goebel/R.Schmalz, Das elektronische Informationsgeschäft, Frankfurt am Main 1986

M.Möhrenschlager, Das neue Computerstrafrecht, in: Wirtschaftsstrafrecht 1986, S. 128 ff.

A.Pfitzmann/B.Pfitzmann/M.Waidner, Rechtssicherheit trotz Anonymität in offenen digitalen Systemen, in: Computer und Recht 1987, S. 712 ff., 796 ff., 898 ff.

H.Redeker, Geschäftsabwicklung mit externen Rechnern im Bildschirmtextdienst, in: Neue Juristische Wochenschrift 1984, S. 2390 ff.

K.Rihaczek, TeleTrusT - Elektronische "Unterschrift", in: Computer Magazin 1987, S. 37 ff.

K.Rihaczek, Fernmelde-Directory und Distinguished Name: Neue Herausforderung für den Datenschutz, in: Datenschutz und Datensicherung 1988, S. 336 ff.

Autoren

Jürgen W. Goebel ist promovierter Jurist und seit über 15 Jahren wissenschaftlich und aus der Sicht des Praktikers mit rechtlichen Fragen der Informationstechnik befaßt. Dr. Goebel, der auch praktische Erfahrungen in der Datenverarbeitung sammeln konnte, war mit umfangreichen rechtlichen Untersuchungen im Rahmen des von der Gesellschaft für Mathematik und Datenverarbeitung mbH (GMD) in den vergangenen Jahren durchgeführten Projekts TeleTrusT (früher OSIS) betraut.

Jürgen Scheller ist ebenfalls Jurist und beschäftigt sich seit geraumer Zeit mit den rechtlichen Implikationen technikgestützter Informationssysteme. Besonders hervorzuheben sind seine Untersuchungen zum sogenannten Elektronischen Publizieren und zum grenzüberschreitenden elektronischen Datenverkehr.

Beide Autoren sind durch eine Vielzahl einschlägiger Publikationen ausgewiesen. Sie praktizieren gemeinsam als freie Rechtsanwälte in Frankfurt am Main, Melibocusstr. 52A.

GPSR Compliance

The European Union's (EU) General Product Safety Regulation (GPSR) is a set of rules that requires consumer products to be safe and our obligations to ensure this.

If you have any concerns about our products, you can contact us on ProductSafety@springernature.com

In case Publisher is established outside the EU, the EU authorized representative is:

Springer Nature Customer Service Center GmbH
Europaplatz 3
69115 Heidelberg, Germany

Batch number: 10815974

Printed by Printforce, the Netherlands